Zubairul Hoque

Recursos naturais costeiros e o seu papel na segurança dos meios de subsistência

Zubairul Hoque

Recursos naturais costeiros e o seu papel na segurança dos meios de subsistência

da comunidade local em Cox's Bazar, Bangladesh

ScienciaScripts

Imprint

Cover image: www.ingimage.com

This book is a translation from the original published under ISBN 978-620-2-06813-0.

Publisher:
Sciencia Scripts
is a trademark of
Dodo Books Indian Ocean Ltd. and OmniScriptum S.R.L publishing group

120 High Road, East Finchley, London, N2 9ED, United Kingdom
Str. Armeneasca 28/1, office 1, Chisinau MD-2012, Republic of Moldova, Europe
Printed at: see last page
ISBN: 978-620-7-94956-4

Índice

Dedicado a

O meu pai,

quem é a personagem ideal da minha vida

A mãe,

que me mostra o texto do 6eautıfuhworhd

Reconhecimento

Acima de tudo, os meus sinceros agradecimentos e o meu profundo apreço vão para o Professor Tr. Jani Qopah Tas, e Md. Shahadat Jossain, o meu orientador de tese, do Instituto de Ciências Marinhas e Pescas da Universidade de Chittagong, pela sua incansável orientação, sugestões, conselhos corretivos e assistência na realização do trabalho.

A nossa gratidão e agradecimento são extensivos ao Sr. JahihurFghman, engenheiro assistente, JQET, Tehua Vpaziha, Cofs Tazar, ao Sr. Monjurflham, oficial assistente de pescas, Chaharia Vpaziha, Cofs Tazar, ao Sr. Jhurshedflham, inspetor do projeto TSCIC Saht, Tarheshhata, Chaharia, Cofs Tazar e ao Sr. M.fl. JhaheqJhan, TivisionahForest Officer, CoastahForest Tivision, Chittagong, pelas suas preciosas sugestões e ajuda para a conclusão deste trabalho de uma forma húmida.

Agradeço ao funcionário responsável pelas estatísticas, ao funcionário responsável pela agricultura e ao funcionário responsável pela educação de Tehua Vpaziha pela sua ajuda na recolha de dados durante o inquérito. Um agradecimento especial ao Sr. Mahmuduh Jarim, ao Sr. flhdur Fahim, ao Sr. Md. Sohaiman, ao Sr. Md. Jahu e a todas as comunidades de Tehua pelo seu comportamento amigável e pela ajuda necessária.

O autor agradece igualmente aos professores do Instituto de Ciências Marinhas e Pescas da Universidade de Chittagong pelas suas sugestões entusiásticas.

Um agradecimento especial ao pessoal do Instituto de Ciências Marinhas e das Pescas da Universidade de Chittagong pelas suas várias ajudas.

Apresento as minhas sinceras reverências aos meus amigos, nomeadamente Fashed, Soheh, Iqhah e Flnih, pela sua ajuda no meu trabalho.

Os meus amigos estão sempre ao meu lado, estou-lhes grato.

flhove ahh, ao poderoso Jord, que tornou tudo possível e bem-sucedido graças às suas miraculosas orientações.

O autor

Capítulo I. Introdução

1.1. Antecedentes

A água, o solo, o ar, os nutrientes, a luz solar - são a matéria da vida. E a espantosa diversidade de espécies vivas, ligadas de formas que, por vezes, apenas compreendemos vagamente, é aquilo de que as pessoas em todo o mundo dependem para a sua existência. Mas, num relance rápido, vemos que, onde quer que vivamos, os recursos naturais e as pessoas que deles dependem estão em apuros. Secas, inundações, erosão, desflorestação, diminuição da fertilidade dos solos, perda de habitats, sobre-exploração - as alterações ambientais estão a ocorrer a um ritmo alarmante, impulsionadas por uma série de factores, incluindo o clima global. Mas as acções práticas para responder a estas questões não são tão proeminentes.

A avaliação dos recursos costeiros existentes é essencial para futuras actividades de desenvolvimento. O inventário dos recursos é necessário com base em critérios adequados para diferentes actividades, tais como a produção de sal, a criação de camarões, a florestação de mangais, o turismo costeiro e a fixação humana, com vista à utilização sustentável dos recursos, à sua conservação e à redução de conflitos. A abordagem pode maximizar a produtividade e melhorar os meios de subsistência sustentáveis da comunidade costeira. (Hossain e Lin, 2001)

O Bangladesh é rico em recursos naturais, incluindo terras férteis, água, pescas, silvicultura, biodiversidade e produtividade agrícola há algumas décadas. No entanto, nos últimos anos, a base de recursos naturais tem-se esgotado muito devido a factores principalmente antropogénicos, por exemplo, o crescimento da população, o aumento da procura de alimentos para a grande população rural, a utilização indiscriminada de agro-químicos, a industrialização não planeada e a urbanização. No passado, os pobres e as pessoas comuns retiravam dos recursos naturais um apoio substancial para a sua subsistência em termos de alimentos e forragens, nutrição, materiais de habitação, cuidados de saúde, proteção contra catástrofes naturais e conservavam os recursos durante gerações. Mas, na situação atual, as redes de segurança tradicionais dos pobres, proporcionadas pelos recursos naturais, foram seriamente corroídas. A produtividade e a capacidade dos recursos naturais também sofreram um grande declínio, pelo que a subsistência dos pobres está em risco e estes enfrentarão uma maior insegurança alimentar e vulnerabilidade no futuro (Rahman *et al*, 2002).

De acordo com o World Fish Center (2005), o Bangladesh dispõe de vastos recursos hídricos que contribuem para a produção de peixe: 4 milhões de hectares de rios, estuários, lagos e terras inundáveis, 0,4 milhões de hectares de águas interiores adequadas para a aquicultura e mais de 16 milhões de hectares de águas costeiras. A produção de peixe em 2001-2002 foi estimada em 1,9 milhões de toneladas - cerca de 78% provenientes de águas interiores (36% de águas abertas e 42% de águas fechadas) e 22% da pesca marinha. As pescarias do Bangladesh são ricas em biodiversidade, com mais de 280 espécies de água doce, mais de 510 espécies marinhas e 12 espécies exóticas registadas até à data. As terras costeiras são utilizadas para várias formas de aquicultura terrestre em tanques, principalmente para a cultura de peixe e camarão, com áreas mais pequenas dedicadas ao caranguejo, algas e moluscos em alguns países. A área global de viveiros de camarão está estimada em cerca de 1,4 milhões de hectares (Rossenberry, 1994).

O Bangladesh é um vasto delta com 14,2 milhões de hectares, dos quais 17% são constituídos por águas salobras costeiras. Atualmente, apenas 5% da região costeira de águas salobras são dedicados à aquicultura costeira, principalmente à cultura do camarão (Hossain, 2003).

A aquicultura costeira no Bangladesh começou no início da década de 1980 na faixa meridional, sobretudo na parte sudoeste e sudeste do Bangladesh, especialmente nos distritos de Khulna e Cox' s Bazar. Mas, atualmente, as práticas culturais aumentam de dia para dia em toda a região costeira do Bangladesh. A área potencial para a aquicultura é de cerca de 120.000 a 150.000 hectares ou 290.000 a 360.000 acres (Kevin *et al.*, 1984).

A produção de camarão está a aumentar gradualmente através da expansão horizontal da área de cultivo e não através da expansão vertical desejada, pelo que é urgente o desenvolvimento sustentável dos recursos costeiros, tanto para a aquicultura como para a pesca e a agricultura. Monitorização das alterações e seleção de locais adequados para o desenvolvimento da aquicultura, a fim de salvar os ecossistemas costeiros.

Os três processos e acontecimentos básicos do sistema natural que regem as oportunidades e vulnerabilidades da zona costeira do Bangladesh são: flutuações das marés; salinidades (solo, águas superficiais ou subterrâneas); e risco de ciclones e tempestades. Através da revisão de exercícios anteriores, bem como de metodologias de outros países, e tendo em conta estes três critérios, foi efectuada uma avaliação da delimitação da zona costeira. Para cada um destes critérios, foram especificados valores-limite e foram determinadas as áreas afectadas correspondentes. Com base nestes critérios, a zona costeira do Bangladesh é constituída por 19 distritos que incluem 147 upazilas e a Zona Económica Exclusiva (ZEE).

Além disso, foi feita uma distinção entre as upazilas viradas para a costa ou para o estuário e as upazilas situadas atrás destas. Um total de 48 upazilas em 12 distritos que estão expostos ao mar e/ou estuários inferiores são definidos como a costa exposta e as restantes 99 upazilas dos distritos costeiros são denominadas costa interior (DOP-ICZMP, 2003j). Recentemente, foram declaradas mais quatro upazillas e a upazilla de Pekua é uma delas (DOP-ICZMP, 2003j).

Em muitas partes do mundo, as zonas costeiras são altamente povoadas e, frequentemente, a faixa de terra mais desenvolvida. Estima-se que 40% da população mundial vive num raio de 100 km de uma linha costeira (PNUD, 2000), e espera-se que este número aumente ainda mais nos próximos cinquenta anos. Ao contrário de outras partes do mundo, a zona costeira do Bangladesh reflecte um ambiente rural. Em 2001, um total de 35,1 milhões de pessoas vivia na zona costeira do Bangladesh, em comparação com apenas 8,1 milhões um século antes. Prevê-se que a população costeira aumente para cerca de 41,8 milhões em 2015 e 57,9 milhões em 2050 (PDO-ICZMP, 2004).

As pessoas mais pobres do planeta vivem em zonas rurais marginais. As estimativas globais do número de pobres rurais que subsistem nesses meios variam entre 600 e 900 milhões, ou seja, cerca de 9% a 14% da população mundial. Muitos países em desenvolvimento adoptaram formalmente estratégias nacionais de redução da pobreza. Também as agências doadoras internacionais, em sintonia com os Objectivos de Desenvolvimento do Milénio das Nações Unidas para reduzir a pobreza e melhorar as condições de vida até 2015, estabeleceram objectivos. No entanto, as estratégias de redução da pobreza centram-se normalmente em amplas reformas ou na prestação de serviços que não chegam às comunidades mais pobres e marginais, que dependem tão fortemente dos recursos naturais. Sem opções de subsistência, estas pessoas são forçadas a migrar para as cidades, a tornarem-se refugiados, ou pior.

As pessoas podem ter de sobreviver em terrenos íngremes, rochosos, secos ou salinos. Ou podem viver perto de massas de água em que o peixe é cada vez mais difícil de apanhar. Estes agricultores e pescadores estão longe dos mercados movimentados, longe das capitais, longe das mentes e das vidas dos poderosos. Os ecossistemas de que dependem estão a ficar sem nutrientes e despojados da sua diversidade biológica. E o controlo dos valiosos recursos que restam é disputado, por vezes de forma violenta.

A maioria das pessoas na zona costeira exerce mais do que uma profissão, como o homem que cultiva arroz no campo e também cultiva legumes na orla da colina ou no aterro costeiro. O homem que produz sal na estação seca também cultiva camarão nas *geleiras* e recolhe os camarões fritos no mar na estação das chuvas.

Uma abordagem fragmentada e ineficaz da gestão dos recursos naturais (NRM), associada a um quadro institucional deficiente, tem como resultado a degradação e a baixa produtividade dos recursos. Além disso, as políticas e as instituições destinadas a assumir o controlo dos recursos já degradados geraram muitos conflitos no acesso e na utilização dos recursos naturais, em que os pobres e as populações marginais estão continuamente a perder os seus direitos tradicionais e a sua legitimidade em relação aos recursos. Por outro lado, os ricos e as elites poderosas estão a ganhar cada vez mais controlo sobre os recursos, que muitas vezes exploram em excesso sem ter em conta a produtividade futura e a sustentabilidade da base de recursos (Rahman *et al*, 2002 e Ahmed, 2002).

As opções de cogestão para as zonas marginais pobres dependem de vários factores e da forma como interagem: a natureza do recurso a gerir, os direitos locais ao recurso, as instituições que regem esses direitos e a tomada de decisões e a forma como os recursos são explorados.

Alguns recursos, como a terra cultivada, são claramente definidos e facilmente demarcados. Os direitos de acesso, utilização e gestão são geralmente detidos a título privado por um único agregado familiar. O agregado familiar pode ser proprietário da terra, tê-la sob arrendamento a longo prazo ou acordo consuetudinário, ou arrendá-la. Estes direitos privados são claros e estão intimamente ligados às práticas de gestão da terra. Por exemplo, é pouco provável que os agricultores invistam em melhoramentos dispendiosos, como a construção de terraços, a menos que tenham uma posse segura da terra, garantindo assim que beneficiarão a longo prazo.

Enquanto o sistema de direitos, instituições e práticas de gestão pode ser claro para as terras agrícolas, para outros recursos é frequentemente muito mais confuso. Muitos recursos valiosos são muito difíceis ou dispendiosos de gerir por um indivíduo devido às suas caraterísticas ecológicas. O recurso pode ser altamente móvel (a pesca, por exemplo), pode só ser prático de gerir a uma grande escala (uma bacia hidrográfica), ou pode ter muitos elementos diferentes que são utilizados por pessoas diferentes (uma floresta). Em muitos casos, pode ser impraticável impedir que um determinado indivíduo utilize o recurso, mesmo que essa utilização diminua os benefícios que outros podem obter (pastagens partilhadas). Os recursos com estas caraterísticas são designados por recursos comuns (Common Pool Resources ou CPR) (Ostrom 1990; Pinkerton e Weinstein 1995).

Os problemas de gestão e acesso aos recursos por parte dos pobres centram-se frequentemente nos recursos de propriedade comum e no sistema associado de direitos ou posse de recursos. Em determinadas condições, os sistemas de direitos colectivos serão definidos por grupos que podem controlar o acesso aos recursos de propriedade comum para aumentar os seus benefícios e reduzir a degradação dos recursos (Schlager e Ostrom 1992).

Atualmente, existem tecnologias adequadas para o desenvolvimento e gestão dos recursos naturais que foram recentemente desenvolvidas no nosso país. A teledeteção e o Sistema de Informação Geográfica (SIG) são ferramentas geralmente integradas. O SIG é uma ferramenta eficiente para a introdução, manipulação, recuperação e análise de dados de atributos e não atributos que apoiam a tomada de decisões, especialmente na gestão de explorações de camarão e na conservação de mangais ao longo da costa de todo o país.

As técnicas de teledeteção por satélite estão a ser utilizadas como instrumento para conhecer a localização, a extensão e as alterações espaciais e temporais da pesca costeira, especialmente nas zonas costeiras de criação de camarão (Populas e Lantieri 1991, Shahid *et. al.*, 1992). Hossain e Lin (2001) utilizaram a deteção remota, o SIG e a abordagem PRA no quadro da GIZC no caso da zonagem da utilização dos solos. Hossain, (2003) também utilizou esta abordagem no caso da zonagem da utilização das terras para a auto-produção na costa de Cox' s Bazar.

1.2. Declaração do problema

Um dos principais problemas no planeamento da expansão da aquicultura é avaliar com precisão os recursos terrestres, hídricos, económicos e humanos disponíveis para o desenvolvimento. O planeamento global do desenvolvimento da aquicultura é ainda pouco comum no Bangladesh. Uma das razões pelas quais esse planeamento não é rotineiro é a integração sinóptica e a análise de diversos tipos de recursos quando os dados ambientais e económicos são escassos, pelo que são necessárias abordagens que possam ser utilizadas para identificar rapidamente áreas de um país, ou de unidades administrativas ou ecológicas mais pequenas, adequadas para vários tipos de aquacultura, como ajuda ao planeamento do desenvolvimento.

As oportunidades e potencialidades da zona, contudo, não têm recebido muita atenção até à data. Ao aproveitar e explorar as suas oportunidades, a zona costeira pode dar um contributo substancial para alcançar os objectivos nacionais de redução da pobreza e crescimento económico (DOP-ICZMP, 2004).

A zona costeira do Bangladesh é efetivamente considerada uma zona de múltiplas vulnerabilidades. O Governo do Bangladesh já identificou a zona como uma região agro-ecologicamente desfavorecida e como uma das três 'regiões negligenciadas' (MoP, 1998).

A zona costeira de Pekua oferece um imenso potencial de recursos costeiros. No entanto, até à data, estes recursos não foram totalmente identificados e avaliados por nenhum departamento governamental, ONG ou organizações doadoras. Como resultado, o modo de utilização dos recursos torna-se aleatório. Além disso, há uma falta de ligação entre os recursos e a sua utilização prospetiva para uma subsistência costeira sustentável.

1.3. Justificação

É cada vez mais difícil gerir um único recurso natural costeiro ou melhorar um sector económico na ausência de um quadro global e integrado de planeamento político e de gestão sustentável. A seleção de locais adequados para a aquicultura costeira é um problema nesta área devido à falta de informação de base sobre as condições físico-químicas e topográficas, bem como sobre a classificação da aptidão das terras da zona costeira.

Além disso, é necessário um quadro de desenvolvimento que garanta a segurança dos meios de subsistência das populações rurais pobres, para a utilização adequada dos recursos naturais existentes.

1.4. Objectivos do estudo

1.4.1. Objetivo

Assegurar a utilização sustentável dos recursos naturais costeiros.

1.4: .2. Objectivos gerais

O objetivo geral é identificar e avaliar os recursos naturais costeiros.

1.4.3. Objectivos específicos

Os objectivos específicos são os seguintes:

- Inventariar e avaliar os recursos naturais costeiros de Pekua

- Identificar o padrão de utilização dos recursos costeiros
- Determinar o papel dos recursos nos meios de subsistência das comunidades locais,
- Desenvolver um quadro de gestão para a utilização sustentável dos recursos naturais costeiros.

Capítulo II . Revisão da literatura

As zonas costeiras constituem uma importante interface entre a terra e o mar. Embora cubram apenas 10% da superfície terrestre, albergam mais de 60% da população mundial (Lakshmi e Rajagopalan, 2000).

A abundância de recursos costeiros tem tradicionalmente atraído, e atrairá cada vez mais, uma proporção muito grande da população humana para as zonas costeiras. A deslocação da população das zonas rurais para as zonas urbanas está relacionada com a procura de melhores condições de vida (uma maior variedade de recursos, mais oportunidades de emprego, melhores comunicações, maior potencial de reação, um ambiente de elevada qualidade, etc.). A expansão da industrialização e das actividades conexas resultou numa pressão adicional sobre a zona costeira através da construção de hotéis, escritórios, supermercados, parques de estacionamento, zonas residenciais, vias rápidas, bem como instalações médicas e educativas (Hossain et al., 2004).

Bryant *et al.,* (1995) avaliou que 51% da costa mundial está sob ameaça "moderada" ou "elevada" do desenvolvimento.

Aquacultura

O Governo incentiva ativamente a cultura do camarão e, nos últimos anos, foram desenvolvidos grandes projectos de aquicultura nas zonas de Chakaria Sundarbans e Moheshkhali, em Cox's Bazar. Chowdhury (1986) e Islam (1983) analisam o sector da aquicultura. Mahmood e Khan (1980) descrevem a aquacultura no estuário de Bakkhali e nos arredores de Cox's Bazar. A FAO/SIDA apoiou uma exploração de demonstração em Satkhira (FAO, 1985) e cursos de formação para melhorar as técnicas de cultura, como o povoamento seletivo. Controlo de pragas e construção de viveiros. O Banco Asiático de Desenvolvimento está a financiar um grande Projeto de Desenvolvimento da Aquacultura (ADB, 1985) e mais informações e referências adicionais são fornecidas em ESCAP (1988).

Embora a cultura de camarões em tanques de água doce seja praticada há séculos, a cultura em tanques de água salobra é um desenvolvimento mais recente e está a revelar-se altamente lucrativa. De acordo com o BBS 2000-2001, a produção de camarão foi de 109 mil toneladas métricas. O valor total das exportações de camarão para 2000-2001 foi de 17 986 milhões de taka (Fonte: Secção de Comércio Externo, BBS).

As explorações de camarão situam-se principalmente em Bagherhat 20%, Satkhira 19%, Khulna 19% e Cox, s Bazar 31%. Além disso, existem cerca de 422 hectares em Keshabpur thana de Jassore, 42 hectares em kalapara thana de Patuakhali e 87 hectares em Anwara e Banskhali thana de Chittagong (Mahmood, 1986).

A área potencial para a aquacultura costeira é de cerca de 120.000 a 150.000 ha ou 290.000 a 360.000 acres (Kevin *et al.,* 1984). Atualmente, presume-se que a área potencial de terra tenha aumentado de 150.000 para 180.000 ha (Khan e Hossain, 1996). Devido à expansão horizontal da criação costeira de camarão, o ecossistema costeiro foi degradado e tornou-se propenso a surtos de doenças nos últimos anos (Hossain e Lin, 2001).

O Penaeus monodon é cultivado de quatro formas (Bashirullah *et al.,* 1989)

a) Na região de Chittagong-Coχ,s Bazar, os produtores de sal utilizam as salinas na estação das monções para a pesca de subsistência e a apanha de camarão e de peixes ósseos.

b) As áreas baixas dentro e fora do dique costeiro e nas áreas de mangue do distrito de Coχ,s Bazar são utilizadas para a cultura combinada de camarão e peixes ósseos.

c) Na região de Khulna, cerca de 50% das explorações agrícolas envolvem a cultura de '*Bheri*' - uma área é represada por diques de terra com acesso às águas das marés; o peixe e o camarão são cultivados de janeiro a julho e o arroz no resto do ano.

d) A monocultura do camarão foi iniciada em 1985 devido ao bom mercado de exportação; os tanques têm uma dimensão média de 8-200 ha.

Recolha de alevins selvagens

Penaeus monodon, o camarão-tigre, é a espécie mais importante do ponto de vista económico na Baía de Bengala. As sementes de camarão-tigre são recolhidas em estuários e na região costeira pouco profunda, com a consequente destruição das populações desta e de outras espécies (Mahmood, 1990). De acordo com Mahmood (1990), a percentagem de alevins de *Penaeus monodon*, outros alevins de camarão, alevins de peixes ósseos e outros zooplânctons foi de 0,06%, 0,84%, 1,25% e 97,85%, respetivamente, nas amostras de zooplâncton com rede (malhas de 0,5 mm) dos estuários do Bangladesh, ou seja para pescar um único indivíduo de juvenis de *Penaeus monodon*, são desperdiçados 14 outros camarões e 21 pós-larvas de peixes ósseos e 631 outros zooplâncton. Em 1986, foram recolhidos mais de três mil milhões de pós-larvas, das quais cerca de 40% morreram devido a um manuseamento incorreto e a um transporte inadequado. É provável que a procura aumente e que a oferta diminua devido à recolha excessiva de sementes e à pesca de arrasto dos adultos. Até à data, foram criados cerca de 55 centros de incubação.

Produção de sal

Os oceanos são a fonte mais prolífica de cloreto de sódio, representando mais de 50% da produção mundial. As reservas nos mares são estimadas em 50 milhões de biliões de toneladas (Mannar, 1982).

A produção de sal comum é uma das indústrias mais antigas e amplamente distribuídas no mundo. Cerca de 120 países possuem instalações de produção de sal que vão desde a evaporação solar primitiva até à evaporação avançada em várias fases em refinarias de sal. As necessidades da Europa e da América do Norte são satisfeitas principalmente pela extração mineira, enquanto na Ásia, África, Austrália e América do Sul, a evaporação solar é a principal fonte. A composição física e química do sal produzido a partir das várias fontes varia muito, dependendo das técnicas de fabrico, das condições climáticas e do processo adotado. O sal bruto tem uma pureza de 90-95% de NaCl, 1% de sais de cálcio e 1-2% de sais de magnésio e 5-8% de água. Se o sal for lavado e seco, a sua pureza pode ser melhorada até 99% (Mannar, 1982).

A procura de sal aumenta com o crescimento da população e com o desenvolvimento das indústrias. Para além do consumo humano, as indústrias químicas são um grande consumidor de sal para o fabrico de cloro alkhali. Nos EUA, por exemplo, cerca de 97% da produção total de aproximadamente 40 milhões de toneladas é utilizada para fins não comestíveis (Mannar e Dunn, 1995).

No Japão, a pressão sobre a disponibilidade de terras incentivou o desenvolvimento de técnicas sofisticadas de permuta iónica para recuperar o sal diretamente da água do mar. Apesar de o país ser autossuficiente em sal comestível, melhora grandes quantidades de sal industrial do México e da Austrália. O sal é um dos principais constituintes dos fluidos corporais extracelulares. Torna-se parte do corpo humano mesmo na fase embrionária, uma vez que o feto flutua numa solução salina e a quantidade aumenta durante o período de crescimento. No sistema fisiológico, o sal funciona como ião sódio e ião cloreto. O sódio controla o movimento muscular do trato digestivo e a transmissão de mensagens pelas células nervosas. O ião cloreto produz o ácido clorídrico necessário para a digestão (Mannar, 1982).

Manguezais

Os mangais constituem mais de metade da floresta natural remanescente no Bangladesh e, de acordo com Saenger *et al.*, (1983), a extensão total da floresta de mangais é de 405 000 ha. Saengar *et al.*, (1983) apresentam um valor de 417 013 ha, enquanto Scott (1989) apresenta um valor de 610 000 ha para mangais e estuários e Mahtab (1989) apresenta um valor total de 600 000 ha. A sua distribuição no país foi também descrita por Pramanik (1983) e Shahid (1985).

A zona mais importante é Sundarbans, onde os mangais cobrem 407 313 ha (Scott, 1989), 395 500 ha (Mahtab, 1989) ou 599 300 ha (PNUA, 1986; 1987). A área total de Sundarbans é de cerca de 1.000.000 ha, 60% dos quais no Bangladesh e o restante na Índia. A área total dos Sundarbans do Bangladesh, incluindo canais e riachos, abrange 577.100 ha (Scott, 1989) ou 401.600 ha (Mahtab, 1989). A ESCAP (1988) apresenta um conjunto diferente de números, retirados de um inventário florestal dos Sundarbans efectuado pelo ODA/Land Resource Development Centre 1983-84 (Chaffery *et al.*, 1985). A Organização Espacial e de Sensoriamento Remoto de

Bangladesh (SPARRSO) preparou mapas detalhados dos recursos de mangue para o Departamento Florestal (SPARRSO, 1986a; 1986b).

A estrutura e a composição da floresta de Sundarbans são mantidas por um forte gradiente de salinidade, desde o ambiente de água relativamente doce do nordeste até ao ambiente altamente salino do sudoeste (Saenger *et al.*, 1983).

A área é atravessada por uma complexa rede de khals ou rios, cuja largura varia entre alguns metros e vários quilómetros. Até há pouco tempo, todos os rios estavam ligados ao Gangas, mas como o curso principal do Gangas migrou para leste, muitos fornecem água doce aos Sundarbans. As árvores atingem uma altura de até 20 m, mas o dossel principal está a cerca de 10 m. Descrições detalhadas dos Sundarbans estão disponíveis em várias publicações, incluindo ESCAP (1988), WCMC (1989) e Scott (1989).

Encontram-se áreas mais pequenas de mangais em Chakaria Sundarbans, perto de Cox' s Bazar, onde os mangais cobriam anteriormente 20.000 ha. Grandes extensões foram desmatadas para a construção de tanques de camarão e outras formas de aquacultura (Mahmood, 1986; 1990).

De acordo com a ESCAP (1988), existem atualmente cerca de 7.500 ha de floresta que ocupam a parte central do delta do rio Matamuhuri.

Existem apenas cerca de 20 espécies de árvores e nenhuma atinge mais de 12 m de altura; a *Avicennia tomentosa* é a mais comum das espécies de maior porte. Para mais pormenores, ver ESCAP (1988) e Karim e Khan (1980).

De acordo com a ESCAP (1988), uma pequena faixa (1.800 ha) de mangue, constituída por *Excoecaria agallocha* e *Ceriops roxburghiana* dispersas, ocorre ao longo das margens e ilhas estuarinas do rio Naaf.

Gestão e proteção dos mangais

O governo empreendeu um programa de plantação em grande escala, o Programa de Arborização Costeira, para proteger a linha costeira de fortes danos. Operado pelo Departamento Florestal, 24.400 ha tinham sido plantados em 1978 (PNUA, 1986;

1987) e mais 25.000 ha foram plantados em 1983 (Saenger *et al.*, 1983).

A ESCAP (1988) apresenta números de 11 000 ha replantados em 1976, 40 000 ha em 1980 e 37 000 ha em 1985; a área total disponível para replantação é de 91 000 ha. A maior parte de Nijhum Dweep, partes de Ghasiar Char e Char Bhata foram plantadas. Desde 1971, tem sido dada importância nacional a este programa de florestação de terras intertidais com *Avicenia* e *Sonneratia* spp. e estão atualmente envolvidos mais de 10.000 ha, tendo o projeto sido recentemente apoiado pelo Banco Mundial.

De acordo com o PNUA (1986), a Sonneratia *apetala* é a espécie mais preferida para plantação. As mudas são cultivadas em viveiros e transplantadas quando atingem uma altura de 32-60 cm. As plantações são desbastadas após 5-7 anos e colhidas após 15-20 anos. Uma variedade de outras espécies como *Bruguiera gymnorhiza* e *Nppa fruticans* são também utilizadas e espécies não mangais como *Acacia arabica* são plantadas para estabilizar aterros (UNEP, 1986; 1987).

As novas terras resultantes destinam-se à proteção costeira, como recurso florestal, habitat de vida selvagem, pesca e, em última análise, como terras agrícolas para proteção do arroz. Para mais informações, consultar SPARRSO (1986b).

Gestão dos recursos costeiros

Quem é que está envolvido?

"TODOS" devem participar na gestão dos recursos do mar ou na gestão dos recursos costeiros (IIRR, 1998).

Os acordos internacionais regulam algumas actividades no mar alto. As agências nacionais estão frequentemente envolvidas na gestão da zona costeira (CZM). Nos últimos anos, foram adoptadas várias abordagens integradas à GIZC. Estas incluem a consideração da gestão conjunta de todas as actividades de comércio, habitação, pesca, recreio, governo, etc., que têm lugar na zona costeira. Este processo inclui todas as partes interessadas na GIZC em variações como Gestão Integrada da Zona Costeira (GIZC), Gestão Integrada das Áreas Costeiras (GIAC) e Gestão Integrada do

Ambiente da Zona Costeira (GIZC). Embora estas variações sejam pormenorizadas e diferentes, são quase universalmente adoptadas pelos governos e incluem os diferentes níveis de governo. Uma vez que os utilizadores estão envolvidos, esta abordagem integrada da gestão pode geralmente ser descrita como CO-GESTÃO (Newkirk, 1998).

Cada vez mais, os grupos de utilizadores incluem o "grupo comunitário". No entanto, o grau e a eficácia do envolvimento, o sentar-se à mesa ou ser parte interessada depende dos contextos sociais e culturais, da capacidade da população local para negociar com os interesses políticos e económicos e da vontade política do governo para agir (Newkirk, 1998). Como muitos países falharam na exploração excessiva dos recursos e no impacto destrutivo. No entanto, muitos países recorrem ao controlo local de muitos recursos naturais, porque aqueles que estão diretamente envolvidos nos recursos são frequentemente os guardiões mais empenhados, conscientes e capazes. De qualquer modo, existem alguns problemas difíceis de controlar localmente, como a pressão do mercado e a poluição. No entanto, muitos problemas podem ser resolvidos a nível local.

Gestão dos recursos costeiros com base na comunidade (CBCRM)

A Gestão Comunitária dos Recursos Costeiros (GCRC) é uma estratégia abrangente que procura abordar as questões multifacetadas que afectam as comunidades costeiras. Mais importante ainda, procura abordar a questão central do acesso livre, com todas as suas consequências ineficazes e iníquas, através do reforço do acesso e controlo da comunidade sobre os seus recursos (VSO, 1998). O CBCRM é também um processo através do qual as comunidades costeiras são capacitadas política e economicamente para poderem obter acesso legítimo e controlo da gestão dos seus recursos.

Princípios da gestão dos recursos costeiros com base na comunidade (CBCRM)

Capacitação

Nas comunidades costeiras, o empoderamento é o desenvolvimento da capacidade (poder) de exercer o controlo da gestão dos recursos e das instituições para melhorar os próprios meios de subsistência e assegurar a utilização sustentável dos recursos de que as comunidades dependem. Existe uma grande possibilidade de obter benefícios económicos para as populações locais através do reforço do acesso e do controlo das comunidades sobre os recursos. O empoderamento significa também o reforço da capacidade da comunidade para gerir eficaz e efetivamente os seus recursos de forma sustentável.

Património

Está ligada ao princípio do empowerment. A equidade significa a igualdade de acesso às oportunidades entre as pessoas e entre as classes. A equidade será alcançada quando os pequenos pescadores tiverem igual acesso às oportunidades que existem para o desenvolvimento, proteção e gestão dos recursos costeiros. O CBCRM também garante a equidade entre a geração atual e a futura, prevendo um mecanismo que assegura a proteção e a conservação dos recursos costeiros para utilização futura.

Solidez ecológica e desenvolvimento sustentável

A promoção das tecnologias e práticas no âmbito do CBCRM não só é adequada às necessidades socioculturais e económicas das comunidades, como também é ecologicamente correta. O desenvolvimento sustentável, por outro lado, significa considerar seriamente o estado e a natureza do ambiente natural, ao mesmo tempo que se procura um desenvolvimento económico que não comprometa o bem-estar da geração futura.

Componente da gestão comunitária dos recursos costeiros (CBCRM)

Melhoria da posse de recursos

Significa obter ou assegurar o acesso e o controlo da gestão pela comunidade sobre os recursos produtivos. Isto também é chamado de clarificação dos direitos de uso. Operacionalmente, isto significa institucionalizar o acesso e o controlo através de políticas ou legislação nacionais ou locais. Isto é conseguido em grande parte através do trabalho de advocacia.

Reforço das capacidades

Trata-se de capacitar a comunidade através da educação, da formação e do desenvolvimento organizacional. A educação ambiental ou de conservação é uma parte fundamental do reforço das capacidades. Ajuda a construir um entendimento comum dos aspectos frequentemente complexos e inter-relacionados da gestão dos recursos costeiros. Ao colocar a tónica nas questões locais, a educação ambiental pode contribuir para a sensibilização e para a aquisição de competências que contribuam para a capacidade de mudança dos indivíduos e das comunidades.

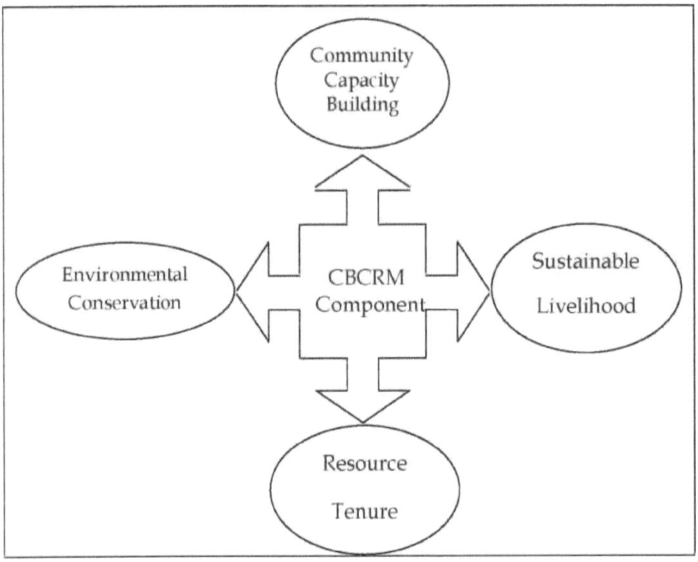

Figura 1. Componente do CBCRM (Berkes *et al.*,2001).

Conservação do ambiente

O habitat costeiro sustenta a base costeira. Quando os habitats se degradam ou são destruídos, há um impacto imediato na produtividade dos recursos. A saúde dos habitats costeiros está diretamente relacionada com a intensidade e o tipo de atividade levada a cabo para explorar os recursos. A conservação do ambiente está intimamente ligada à regulamentação e à aplicação rigorosa das leis ambientais, a fim de minimizar o impacto negativo de algumas actividades na base dos recursos costeiros.

Meios de subsistência sustentáveis

Os meios de subsistência sustentáveis são uma das principais preocupações do CBCRM. O desenvolvimento de meios de subsistência sustentáveis desempenha um papel fundamental na garantia da segurança económica e alimentar dos pescadores. Os meios de subsistência são o principal ponto de interação entre os pescadores e os recursos costeiros.

O desenvolvimento de meios de subsistência sustentáveis pode implicar a redução de meios de subsistência alternativos baseados na terra ou no mar (por exemplo, a eliminação de suínos ou de gado da maricultura), a promoção dos meios de subsistência sustentáveis existentes, a modificação ou melhoria dos meios de subsistência existentes e campanhas contra métodos destrutivos. A promoção da segurança alimentar dos agregados familiares e das aldeias é um aspeto importante desta componente.

As abordagens dos meios de subsistência sustentáveis evoluíram a partir da mudança de perspectivas sobre a pobreza, a participação e o desenvolvimento sustentável (Chambers e Conway 1992, Carney 1999). As críticas aos indicadores limitados de pobreza, que se limitam ao rendimento e ao consumo, levaram ao interesse pelas abordagens de activos/vulnerabilidade para compreender a pobreza (Moser 1998), que se concentram em estratégias sustentáveis de redução da pobreza a nível local, que reforçam as soluções inventivas das próprias pessoas. No final da década de 1990, a ideia da SL tinha-se consolidado numa abordagem ou numa série de abordagens muito semelhantes desenvolvidas e/ou implementadas por organizações intergovernamentais (por exemplo, PNUD, DFID, FAO, IFAD, Programa Alimentar Mundial); ONG (por exemplo, Oxfam, CARE, DAWN) e institutos de investigação (por exemplo, IDS Sussex, ODI Londres) (Brocklesby e Fisher (2003).

Os princípios orientadores são comuns, embora o enquadramento e os métodos sejam diferentes (Carney 1999). Em termos gerais, o conceito de meios de subsistência é "o meio de ganhar a vida, incluindo as capacidades de subsistência, os activos tangíveis e os activos intangíveis (Chambers e Conway 1992). Mais especificamente: "Um meio de subsistência compreende as capacidades, os activos (incluindo os recursos materiais e sociais) e as actividades necessárias para um meio de vida. Um meio de vida é sustentável quando pode enfrentar e recuperar de tensões e choques e manter ou melhorar as suas capacidades e activos, tanto agora como no futuro, sem prejudicar a base de recursos naturais." (Chambers e Conway 1992).

Explicação do quadro dos meios de subsistência

O quadro para a análise dos meios de subsistência, baseado na abordagem do DFID, é descrito abaixo, e na Figura 1, que delineia os princípios principais do quadro da SL em termos de activos, vulnerabilidades, processos, instituições e resultados que estão relacionados com os meios de subsistência pobres.

Activos de subsistência

O quadro SL identifica cinco tipos de activos ou capital sobre os quais se constroem os meios de subsistência, cujo acesso acrescido (propriedade ou direitos de utilização) pode dar um contributo fundamental para a redução da pobreza:

- *O capital humano* representa as competências, os conhecimentos, a capacidade de trabalho e a boa saúde que, em conjunto, permitem às pessoas seguir diferentes estratégias de subsistência e alcançar os seus objectivos de subsistência.

- *O capital social* é o género de recursos sociais a que as pessoas recorrem para atingir os seus objectivos de subsistência, redes e relações baseadas na confiança, na reciprocidade e nas trocas.

- *O capital natural* é o termo utilizado para designar as reservas de recursos naturais de que derivam os fluxos de recursos e os serviços úteis para os meios de subsistência.

- *O capital físico* inclui as infra-estruturas básicas e os bens de produção necessários para apoiar os meios de subsistência.

- *O capital financeiro* designa os recursos financeiros que as pessoas utilizam para conseguir a sua subsistência, tais como os stocks disponíveis, que podem ser detidos sob várias formas, como dinheiro, depósitos bancários, activos líquidos, como gado e jóias, ou recursos obtidos através de instituições de concessão de crédito e entradas regulares de dinheiro, incluindo rendimentos do trabalho, pensões, outras transferências do Estado e remessas.

Os bens institucionais a que as pessoas recorrem para atingir os seus objectivos de subsistência constituem, em termos gerais, o "capital social". Estes são desenvolvidos através de:

- Redes e ligações, verticais (patrono/cliente) ou horizontais (entre indivíduos com interesses partilhados ou concorrentes), que aumentam a confiança das pessoas e a sua capacidade de trabalharem em conjunto e expandem o seu acesso a instituições mais vastas, como os organismos políticos ou cívicos;

- Pertencer a grupos formalizados ou a entidades sociais tradicionais, o que frequentemente implica a adesão a regras, normas e sanções mutuamente acordadas ou comummente aceites; e

- Relação ou confiança, reciprocidade e troca que facilitam a cooperação, reduzem os custos de transação e constituem a base das redes de segurança informais.

O acesso e as ligações com as instituições constituem capital social na perspetiva do agregado familiar. As pessoas retiram força de certas instituições que estão próximas da sua existência e são acessíveis. Muitas delas são organizações associativas. De acordo com um inquérito do DOP-ICZMP, os inquiridos indicaram várias delas.

Entre os capitais sociais contam-se várias associações e coligações formais e informais das quais um indivíduo ou um agregado familiar obtém determinados benefícios, privilégios ou poder. Esta lista pode não ser exaustiva. No entanto, o casamento é considerado um bem importante em todos os estratos socioeconómicos, enquanto os agregados familiares mais pobres consideram que viver em *juda* ou *niribili* (família nuclear) é um bem. O "alívio" (dole) é vital para os pobres. Os ricos consideram a filiação na *Union Parishad* (UP) e no partido político como um ativo. A posse ou o acesso ao capital social por parte dos agregados familiares determina, em termos gerais, a sua capacidade, âmbito e estratégia de sobrevivência. Em conjunto, estes recursos proporcionam a um agregado familiar um ambiente propício ao funcionamento dos seus membros. Por exemplo, os problemas relacionados com o dote são uma das principais razões para o agravamento do capital social das mulheres, ao passo que, para os homens, o facto de deixarem de pertencer a um grupo de ONG ou *samity* constitui um importante "desinvestimento". O casamento de um filho ou filha e as ligações matrimoniais conexas são vistos como uma forma de melhorar o capital social (DOP-ICZMP, 2002).

Quadro 1. Capital social

Situação do agregado familiar	Capital social
Pobres	• ONG • Casamento • Relação com os vizinhos • Família nuclear • *Samity* • Alívio • Liderança
Médio	• Casamento • ONG • *Samity* • Formação • Família nuclear • Clube • CBA
Rico	• Casamento • *Samity* • ONG • Relação com os vizinhos

	• Comité local • União *Paroquial* • Partido político

Fonte: PDO-ICZMP, 2002

Contexto de vulnerabilidade

O *contexto de vulnerabilidade* inclui tendências de recursos, tendências na governação, tendências tecnológicas, choques na saúde humana, choques naturais, choques económicos, conflitos, choques na saúde das colheitas e gado, e sazonalidade dos preços, produção e saúde e oportunidades de emprego.

A monitorização da pobreza do Bangladesh Bureau of Statistics (BBS) resumiu a crise em quatro categorias. Estas são:

- Fator humano, ou seja, morte súbita do principal beneficiário do rendimento, despesas médicas elevadas devido a doença, perda de colheitas, conflitos sociais, etc.
- Catástrofes naturais como ciclones, marés vivas, alagamentos, erosão, intrusão de salinidade, etc.
- Governação, ou seja, deterioração da situação da lei e da ordem (*dacoidade,* extorsão de dinheiro, rapto, roubo, ameaça de morte, despesas com processos, ocupação de terras do governo, etc.).
- Base de recursos naturais, ou seja, destruição de mangais, exploração excessiva de recursos naturais, etc. (DOP-ICZMP, 2003).

A fisiologia, a morfologia e outras condições naturais tornaram-no vulnerável a catástrofes, tempestades ciclónicas e inundações, que são muito devastadoras e causam imenso sofrimento e danos às pessoas, aos bens e ao ambiente. Cerca de um milhão de pessoas foram mortas no Bangladesh por ciclones desde 1820, devido a ciclones que, segundo as estimativas, representam 10% do desenvolvimento mundial no Oceano Índico (Gray, 1968).

As tempestades ciclónicas sempre constituíram uma grande preocupação para as planícies costeiras e as ilhas ao largo do Bangladesh. Os ciclones, os mais devastadores, afectam toda a linha costeira, desde a ponta sudeste de Teknaf até à floresta de Sundarban, no sudoeste. Uma contagem mostra que 5,5% do total global de tempestades tropicais se formam na Baía de Bengala (Ali, 1999) e cerca de 50% de todas as mortes humanas importantes devidas a ciclones tropicais no mundo ocorreram no Bangladesh, que é atingido por 1% de ciclones (quadro) do total global (SPARRSO, 2003).

Tabela 2. Estatísticas por país dos ciclones da Baía de Bengala (1877-1997)

País	Tipo de ciclone					
	Depressão	CS	SCS	CS+SCS	Total	% do total mundial (CS+SCS)
Bangladesh	70	44	44	88	158	0.94 @ 1

Fonte: Centro de Investigação Meteorológica da SAARC (SMRC), 2003 (CS: Ciclone Estrondoso, SCS: Ciclone Estrondoso Grave)

A maioria das tempestades ocorre nos meses de outubro e maio (28% e 26%, respetivamente). A frequência mais baixa de tempestades ciclónicas graves é observada em janeiro (Islam, 2004). O número médio de ciclones graves ao longo de 200 anos é de cerca de 1,48, o que corresponde a 15% do número anual de perturbações ciclónicas (BBS, 1993; BBS, 2002). De 1793 a maio de 1997, foram registados cerca de 45 ciclones prejudiciais nas zonas costeiras do Bangladesh, pelo que a frequência dos ciclones durante este período foi, em média, de uma vez em cada 4,5 anos. Entre estes, os maiores ciclones ocorreram em 1961, 1963, 1965, 1970, 1985 e 1997. O último ciclone devastador que atingiu o Bangladesh ocorreu em 29 de abril de 1991. Calcula-se que tenham morrido 131.0000 a 139.000 pessoas, a maioria das quais com menos de 10 anos e um terço com menos de cinco anos; morreram também mais mulheres do que homens (Talukder e Ahmed, 1992).

Estima-se que um milhão de habitações tenham sido completamente destruídas e que outro milhão tenha ficado danificado. Cerca de 60% do gado e 80% das aves de capoeira foram destruídos e cerca de 280 000 hectares de culturas em pé foram destruídos; 740 km de diques foram destruídos ou gravemente danificados, expondo 72 000 hectares de arrozais à intrusão de água salgada. As águas das cheias trouxeram doenças e fome aos sobreviventes. O impacto económico total do ciclone foi de 2,4 a 4 mil milhões de dólares (Kausher *et. al.*, 1996).

Políticas, instituições e processos

As instituições, organizações e políticas são cruciais para moldar os meios de subsistência. Operam a todos os níveis, desde o agregado familiar até à arena internacional, e em todas as esferas, desde a mais privada até à pública. *As estruturas* são organizações privadas e públicas que definem e implementam políticas e legislação e prestam serviços que afectam os meios de subsistência. *Os processos* determinam a forma como as estruturas e os indivíduos funcionam e interagem. Incluem elementos como as políticas macro, sectoriais, redistributivas e regulamentares, os acordos internacionais, os mercados, a cultura, as normas e crenças sociais e as relações de poder associadas ao género, à casta ou à classe. *As estratégias de subsistência* são a gama e a combinação de actividades e escolhas que as pessoas fazem para atingir os seus objectivos de subsistência.

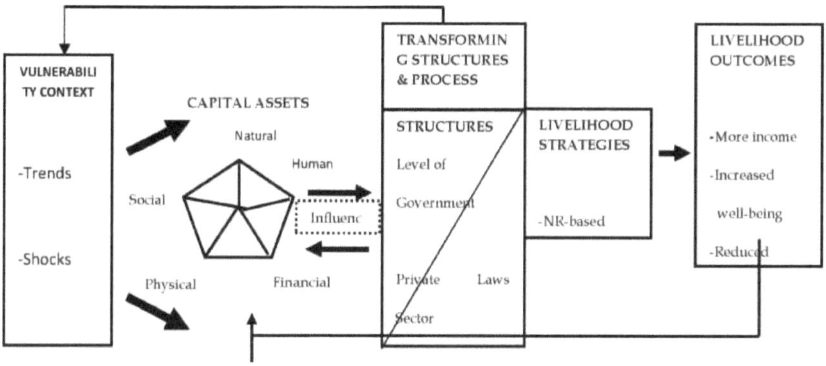

Figura 2. Quadro dos meios de subsistência sustentáveis (DFID, 1999)

Resultados dos meios de subsistência

Os resultados dos meios de subsistência são as realizações ou os resultados das estratégias de subsistência. Podem incluir resultados como níveis de rendimento mais elevados, uma maior sensação de bem-estar ou níveis reduzidos de vulnerabilidade. Os resultados dos meios de subsistência são sustentáveis quando são resistentes a choques e tensões externas (DFID, 1999).

Variações nas abordagens dos meios de subsistência

Algumas versões da abordagem dos meios de subsistência alteram alguns aspectos do modelo original. Por exemplo, a fim de captar as relações de poder, o pentágono ortodoxo foi modificado, por exemplo, dividindo o capital social em capital sócio-cultural e sócio-político. Ellis (2000) também fornece uma versão modificada da Análise dos Meios de Subsistência, como mostra o Quadro 1.

Quadro 3. Quadro de análise dos meios de subsistência

Plataforma de meios de subsistência	Acesso modificado	No contexto de	Resultando em	Composto por	Com efeitos sobre
Activos: naturais, físicos, humanos; financeiros; capital social	*Relações sociais:* género, classe, idade, etnia	*Tendências:* população, migração, mudança tecnológica, preços relativos, macropolítica, tendências económicas nacionais; tendências económicas mundiais	Estratégias de subsistência	Actividades baseadas nos recursos naturais (RN)	*Meios de subsistência segurança:* nível de rendimento; estabilidade dos rendimentos, sazonalidade; graus de risco
	Instituições: regras, costumes, posse da terra, mercados *Organizações;* associações, redes, administração local; agências estatais	*Choques;* secas, inundações, pragas, doenças; desgaste civil		Actividades *não* baseadas em *NR* (comércio, serviços, remessas de empresas)	*Sustentabilidade ambiental*: qualidade dos solos e das terras; água; florestas, biodiversidade

Fonte: Ellis (2000)

Para efeitos do nosso estudo, o quadro da EV será aplicado para integrar os aspectos de género em relação às empresas baseadas nas TIC dirigidas por mulheres. O quadro ortodoxo da EV tem sido questionado em termos de análise do poder e das relações de poder (Moser e Norton 2001), que são cruciais para determinar os papéis e as relações de género nos agregados familiares e nas comunidades.

Princípios da abordagem dos meios de subsistência

A abordagem dos meios de subsistência sustentáveis baseia-se numa série de *princípios fundamentais* de análise e conceção.

- *Centrada nas pessoas:* esta abordagem começa com uma análise dos meios de subsistência das pessoas, centra-se no impacto das diferentes políticas e disposições institucionais nas famílias das pessoas e salienta a importância de influenciar estas políticas e disposições institucionais de modo a promoverem a participação política das pessoas pobres.

- *Holístico:* o quadro dos meios de subsistência reconhece as múltiplas influências sobre as pessoas e procura compreender as relações entre essas influências e o seu impacto conjunto sobre os meios de subsistência. Incorpora múltiplos actores e partes interessadas e reconhece múltiplas estratégias de subsistência e múltiplos resultados de subsistência, a serem determinados e negociados pelas próprias pessoas.

- *Unidade de análise:* é um grupo social identificável e as divisões sociais podem incluir as relacionadas com a classe, a casta, a idade, a origem étnica e o género.

- *Dinâmica:* a abordagem procura compreender e aprender com a mudança, de modo a poder apoiar padrões positivos de mudança e ajudar a atenuar os padrões negativos para descobrir a natureza das relações complexas e bidireccionais de causa e efeito e das cadeias iterativas de acontecimentos.

- *Basear-se nos pontos fortes:* o quadro baseia-se nos pontos fortes e não nas necessidades das pessoas.

- *Ligações macro-micro:* a atividade de desenvolvimento tende a concentrar-se no nível macro *ou* micro. A abordagem dos meios de subsistência tenta colmatar esta lacuna, salientando a importância da política e das instituições a nível macro para as opções de subsistência das comunidades e dos indivíduos.

- *Sustentabilidade:* os meios de subsistência são sustentáveis quando são resistentes a choques e tensões externas; não dependem de factores externos; mantêm a produtividade a longo prazo dos recursos naturais; e não prejudicam os meios de subsistência de outros, nem comprometem as opções de subsistência de outros.

- *A participação alargada das partes interessadas,* associada a uma abordagem estratégica e a longo prazo do desenvolvimento, é também fundamental para o êxito da abordagem dos meios de subsistência.

Participação das pessoas na comunidade

O que é que está a participar? Porquê?

Participação significa tomar parte numa atividade. As pessoas 'participam' no desenvolvimento local todos os dias através da sua vida ativa, actividades de subsistência e responsabilidades comunitárias (Ira, 1998). O grau de controlo que os homens e as mulheres têm sobre estas actividades varia. Não existe um exemplo único de participação. No entanto, o controlo sobre a razão de ser da participação e o grau de participação é da escolha do indivíduo. A participação envolve dois temas. Um sugere que a participação é um contributo necessário para melhorar as hipóteses de sucesso das iniciativas de conservação e desenvolvimento. O outro sugere que a participação e o processo de participação é um objetivo em si mesmo e não é simplesmente um meio para melhorar as iniciativas de conservação e desenvolvimento (Ira, 1998).

Não existe um quadro de investigação claro para monitorizar e avaliar processos qualitativos, como a participação das pessoas (Karl, 2000).

Foram registados muitos exemplos de participação comunitária bem sucedida na obtenção de bons resultados na gestão dos recursos costeiros em diferentes países (Fezzardi, 2001).

Oakley (1991) definiu três categorias principais de obstáculos à participação: 1) Político; 2) Administrativo, e 3) Social. O obstáculo político pode ocorrer em países de planeamento central ou em regimes de autoridade de facto. A participação que dá poder ao grupo local para traçar a sua própria direção para o desenvolvimento pode desafiar o status quo e pode ser vista como uma ameaça.

Do mesmo modo, os sistemas administrativos que são altamente centralizados e que dependem do planeamento de controlo e das abordagens de projeto não são conducentes a uma abordagem participativa e adaptativa.

Por último, os obstáculos sociais, culturais e históricos podem revelar-se extremamente difíceis, especialmente no que respeita à questão de saber quem participa. A participação equitativa de grupos marginais (mulheres, minorias tribais, pessoas sem instrução, etc.) exigirá um esforço para fazer face às normas culturais que relegam estes grupos para a periferia.

PRA/RRA

Uma forma importante de aprender sobre as condições e recursos locais era perguntar às comunidades o que sabiam (Pelto e Pelto, 1978). A ARP é um grupo de abordagens e métodos que permitem à população rural contribuir para melhorar e avaliar a sua compreensão da vida e da situação (GTZ, 2002). Pido e Chua (1992) utilizaram esta técnica para analisar as condições ambientais e socioeconómicas de uma zona costeira. Empregaram actividades como reuniões e workshops informais das partes interessadas, inquéritos no terreno e integração da comunidade. Uma tomada de decisão bem sucedida é quase impossível na ausência de uma boa base de conhecimentos ou de informações. A informação necessária para a tomada de decisões em matéria de gestão de recursos pode normalmente ser recolhida junto da comunidade local e não junto das agências governamentais. Uma forma brilhante de recolher informação da comunidade é através da utilização da abordagem participativa PRA/RRA. A FAO e o PNUA (1991) referiram duas coisas que são necessárias para qualquer base de conhecimentos. Em primeiro lugar, que a informação satisfaça as necessidades das partes interessadas e que estas sejam capazes de a utilizar em seu benefício. A técnica permitiu à equipa de investigação compreender a situação local e deu à população local a oportunidade de analisar a sua situação (Gallardo *et al.*, 1995). Como as zonas costeiras são sempre remotas, é muito difícil para as pessoas que trabalham no terreno recolher informações detalhadas e mapas exactos. É por isso que, na maior parte dos casos, dificilmente recebem as facilidades oferecidas pelas autoridades e enfrentam mal os recursos naturais ou as catástrofes. A área terrestre da zona costeira é de cerca de 42 154 km^2 , o que corresponde a cerca de 29% de todo o Bangladesh (ARDMCS, 2002), abrangendo os 19 distritos administrativos que se ocupam de mares e estuários. No entanto, a área marítima da zona costeira não está demarcada. Esta zona pode abranger a totalidade da Zona Económica Alargada (ZEE) de 70 000 km^2 . Estende-se até à Baía de Bengala, no limite de uma ampla plataforma continental (cerca de 200 km). As áreas efectivas de pesca marinha e de camarão foram estimadas em cerca de 10 000 km^2 e 5000 km^2 respetivamente (ICZM, 2001). O conceito de meios de subsistência procura reunir os factores críticos que afectam a vulnerabilidade ou a força das estratégias de sobrevivência individuais ou familiares. Pensa-se que estes incluem, principalmente, os bens possuídos pelas pessoas, as actividades em que se envolvem para gerar um nível de vida adequado e para satisfazer outros objectivos como a redução de riscos e os factores que facilitam ou inibem o acesso de diferentes pessoas aos bens e actividades. Estas considerações resultam na seguinte definição de meios de subsistência (Chua, 1992). Um meio de subsistência compreende os activos (capital natural, físico, humano, financeiro e social), as actividades e o acesso a estes (mediado por instituições e relações sociais) que, em conjunto, determinam a vida ganha pelo indivíduo ou pelo agregado familiar.

Deteção remota e SIG

Técnica de deteção remota

Lillesand e Kiefer (1987) ilustraram a "deteção remota como a ciência e a arte de obter informações sobre um objeto, uma área ou um fenómeno através da análise de dados requeridos por um dispositivo que não se encontra no local do objeto, da área ou do fenómeno sob investigação.

Leeruksakit (1993) recomendou que o conceito básico de deteção remota depende do facto de todos os objectos na terra reflectirem, dispersarem ou emitirem a energia luminosa do sol. A deteção remota funciona nas diferentes regiões do espetro de radiação electromagnética (EMR). A EMR é a energia transmitida através do espaço sob a forma de ondas eléctricas e magnéticas, em que existem várias porções de comprimento de onda, como o ultravioleta, o visível, o infravermelho próximo, as micro-ondas, etc. No entanto, os olhos humanos podem detetar a radiação na parte visível do espetro eletromagnético, com um comprimento de onda entre 0,4 e 0,7 micrómetros.

Leeruksakit (1993) também recomendou que as regiões da EMR transmitidas à superfície terrestre passem pela atmosfera e, normalmente, o comprimento de onda da energia será absorvido por gases, humidade e outros. O comprimento de onda de energia sem absorção de energia ou com menor absorção de energia é chamado de "janelas atmosféricas", porções de comprimento de onda que são usadas para sensoriamento remoto. As três janelas mais frequentemente utilizadas são o visível, o infravermelho (infravermelho próximo, infravermelho médio, infravermelho térmico) e a região das micro-ondas do espetro eletromagnético. Recomendou ainda duas caraterísticas para a técnica de teledeteção.

Interação da energia com as caraterísticas da superfície terrestre

Quando a energia electromagnética incide sobre um determinado elemento da superfície terrestre, as interações fundamentais da energia com os elementos são reflectidas, absorvidas e transmitidas. Por conseguinte, há que ter em conta dois pontos relativos a esta relação.

Em primeiro lugar, a proporção de energia reflectida, absorvida e transmitida variará nas diferentes caraterísticas da Terra. Em segundo lugar, a dependência do comprimento de onda significa que, mesmo dentro de um determinado tipo de caraterística, a proporção de energia reflectida, absorvida e transmitida variará em comprimentos de onda.

Plataforma de satélite

Atualmente, existem vários satélites de recursos terrestres, como o Spot, o MOSI, o ASTER Landsat, etc., que orbitam em torno da Terra. Cada plataforma de satélite tem vantagens e desvantagens diferentes que serão adequadas a várias escalas.

Técnicas de SIG

Hoje em dia, existe uma ferramenta poderosa para ajudar os planeadores e gestores no desenvolvimento e gestão dos recursos naturais. Normalmente, a utilização desta ferramenta com dados derivados de fotografias aéreas de sistemas de deteção remota aumentará a capacidade de análise. Esta ferramenta, designada por Sistema de Informação Geográfica (SIG), é constituída por hardware e software concebidos para capturar, armazenar, recuperar, manipular e analisar dados de atributos e dados não relacionados com atributos (Borrough, 1986; Aronoff, 1989).

Aronoff (1989) ilustrou que o SIG é um sistema baseado em computador que fornece os quatro conjuntos de capacidades seguintes para tratar dados de geo-referência.

A. Entrada de dados

A entrada de dados abrange todos os aspectos das transformações manuais ou automáticas. Os dados existentes utilizados nos SIG são mapas em papel, tabelas de não atributos, imagens de satélite, etc.

B. Gestão de dados

A gestão de dados diz respeito à forma como são estruturados e organizados os dados sobre a ligação de posição (Topologia) e os atributos dos elementos geográficos (pontos, linhas e polígonos).

C. Manipulação e análise de dados

A manipulação de dados é necessária quando os dados de entrada ou as variáveis precisam de ser sobrepostos para obter o resultado de uma análise posterior.

D. Saída de dados

A função de saída ou de elaboração de relatórios do SIG varia mais em termos de qualidade, precisão e facilidade de utilização. As estruturas de dados no SIG são representadas por estruturas vectoriais e raster. A estrutura vetorial representa toda a informação como pontos, linhas e polígonos, atribuindo um conjunto único de coordenadas x,y a cada elemento de informação. A estrutura raster é uma matriz de células de grelha, representada por colunas e linhas, que contém um número de valores ou atributos do mapa.

O SIG é uma ferramenta poderosa para recolher, recuperar, transformar e apresentar dados espaciais do mundo real para um determinado fim. Trata-se de um sistema informático utilizado para restaurar e manipular informações geográficas. Outro cientista, Cowen, definiu ainda o SIG como "um sistema de apoio à decisão que envolve a integração de dados referenciados espacialmente num ambiente de resolução de problemas". De um modo geral, pode ser definido como um sistema de informação baseado em computador que tenta captar, armazenar, manipular, analisar e apresentar referências espaciais e dados de atributos tabulares associados para resolver problemas complexos de planeamento e gestão da investigação (Fishcher e Nijkamp, 1993).

O argumento da utilização do SIG é bem conhecido. O SIG tem a capacidade de interligar dados espaciais e de atributos e os resultados são apresentados sob a forma de mapas, quadros e figuras. Os mapas são muito úteis para os planificadores, os funcionários no terreno e a população local para compreenderem a situação real da conservação do estado das áreas de conservação, do planeamento e da gestão. Assim, o SIG está a tornar-se uma das ferramentas analíticas mais úteis e poderosas para os planeadores e gestores de recursos (FAO, 1986).

Integração de RS e SIG

A deteção remota fornece muita da informação que é introduzida no SIG. A teledeteção e os SIG são ambos utilizados para recolher, analisar e comunicar informações sobre os recursos terrestres e as infra-estruturas que desenvolvemos para os utilizar, pelo que as duas tecnologias oferecem capacidades complementares. A utilização integrada de métodos e tecnologias de RS e SIG não só melhora a qualidade da informação geográfica, como também permite a produção económica de informação que anteriormente não estava disponível (Das, 2005).

Aplicações de deteção remota e SIG para a gestão dos recursos costeiros

A prevalência de um clima marítimo e alguns factores físicos favoráveis oferecem um grande potencial para o desenvolvimento da aquicultura costeira de camarão, bem como desafios no que diz respeito a algumas consequências ambientais e socioeconómicas. O país tem uma linha de costa de 710 km e uma vasta planície costeira de mais de 364000 km^2 . A área potencial para a aquicultura costeira do camarão é de 150000-180000 ha (Khan e Hossain, 1996).

A zona costeira do Bangladesh é importante na medida em que 25 por cento da população, 30,6 milhões de pessoas, vive aí. Os recursos naturais costeiros têm sido utilizados de forma insignificante por diferentes comunidades, resultando na destruição das florestas de mangue e no esgotamento das reservas naturais de peixe. Entretanto, outros recursos continuam a ser subutilizados, como os moluscos e as algas marinhas. O principal problema do desenvolvimento de uma utilização múltipla adequada da zona costeira é a falta de informação de base sobre as caraterísticas físico-químicas e costeiras e a classificação da utilização dos solos (Hossain *e.t al.*, 2001).

Nos últimos anos, os avanços na deteção remota (SR) aumentaram consideravelmente a nossa capacidade de descrever e compreender os recursos naturais e a atividade humana. Paralelamente a estes desenvolvimentos na recolha de informação, o rápido desenvolvimento do Sistema de Informação Geográfica (SIG) melhorou consideravelmente a nossa capacidade de armazenar, analisar e comunicar esta informação (FAO-GESAMP, 2000).

As técnicas de SIG são ferramentas poderosas que podem ser utilizadas no planeamento de actividades de extensão agrícola nos países em desenvolvimento. A capacidade de identificar as regiões de um país onde devem ser promovidas actividades agrícolas específicas pode aumentar consideravelmente a capacidade dos governos locais para satisfazerem as necessidades dos habitantes locais (Watts, 1999).

Foi demonstrado que o software Arc View pode ser utilizado com sucesso para encontrar localizações óptimas para operações de aquacultura em grande escala. As localizações desejáveis podem ser efetivamente determinadas com base numa análise do abastecimento mínimo de água, das temperaturas óptimas da água para a produção desejada e dos cursos de água listados. A informação derivada pode ser utilizada em termos de bacias hidrográficas. O Arc View fornece uma ferramenta funcional para encontrar estes locais desejados, no entanto, pode ser realizada uma continuação desta avaliação da localização dos locais, a fim de fornecer mais pormenores sobre estes locais selecionados. Por exemplo, uma avaliação mais aprofundada pode permitir determinar a propriedade dos sítios para determinar se foram efetivamente adquiridos para fins de produção (Jones, 2000).

As aplicações da teledeteção por satélite e dos SIG à gestão dos recursos costeiros estão muito difundidas em todo o mundo. Por exemplo

Chen *et. al.* (1985) utilizaram fotografias aéreas multibanda para interpretar a zona costeira na foz do rio Zhujiang. A caraterística dos tanques de peixe parece quadrada, a cor depende da quantidade de água, da turbidez e das espécies de peixe, por exemplo, azul escuro, azul claro. Lobersac (1985) utilizou dados pontuais simulados para demonstrar as capacidades do sensor de satélite de alta resolução (10 e 20 m) para a aquacultura selecionada.

No Bangladesh, houve várias pessoas que se dedicaram à teledeteção para a aquacultura e os mangais. Por exemplo, as fotografias aéreas tiradas em 1975, 1981 e 1983 foram utilizadas para identificar com êxito os viveiros de camarão e a cobertura de mangais em Chakaria sundarban (Quader, 1986).

Shahid e Pramanik (1986) compararam fotografias aéreas de infravermelhos obtidas em 1984 e fotografias aéreas a preto e branco de 1974 para monitorizar a mudança de uso do solo de Chakaria sundarbans de mangal para lagoa de camarão em 7526,47 para 2554,53 hectares.

Shimuru (1986), que monitoriza pequenas massas de água de todo o Bangladesh com capacidade para aquicultura, verificou que as fotografias aéreas a infravermelhos são mais precisas do que as fotografias aéreas a preto e branco, devido à reflectância distinta da vegetação e da massa de água. O Landsat TM da região dos infravermelhos é também melhor do que a fotografia aérea a preto e branco.

Capítulo III. Área de estudo

3.1 Localização geográfica

A costa de Pekua está situada na parte noroeste de Cox's Bazar. Situa-se entre Zl° ILN e 21°55,N de latitude e 91°52E e 92°02E de longitude e está rodeada por Banshkhali a norte, Maheshkhali e Chakaria upazilla a sul, Harbang union a leste e o canal de Kutubdia a oeste.

A upazila de Pekua cobre uma área de 139,68 km^2 e tem sete uniões: Rajakhali, Toitong, Barabakia, Shilkhali, Pekua, Magnama e Uzantia. Mas este estudo é efectuado cm três uniões (Rajakhali, Magnama e Uzantia) que são adjacentes ao canal de Kutubdia.

3.2 Condição topográfica

A upazila de Pekua é constituída por zonas montanhosas, extensas terras planas, ecossistemas de mangais e uma rede de sistemas de canais que influenciam os meios de subsistência das comunidades desta zona. A água das marés pode atingir 4 km no interior, o que pode desempenhar um papel importante no sistema de abastecimento de água para a criação de camarões e a produção de sal na zona costeira.

3.3 Condição climática

A temperatura do ar mais elevada ocorre geralmente em maio e a mais baixa em janeiro. O ciclo anual de precipitação em Pekua mostra que é sazonal. Cerca de 80% da precipitação anual ocorre durante os meses de junho a setembro, com chuvas escassas e um período seco entre outubro e maio.

Quadro 4. Parâmetros meteorológicos mensais de Cox's Bazar

Mês	Precipitação total (mm)	Dias de chuva	Temperatura média (°C)		Taxa de evaporação mm/dia	Brilho do sol (hr)
			Máximo	Mínimo		
agosto, 2006	388	29	31.3	25.3	3.0	147.00
setembro, 2006	637	16	31.6	25.1	3.2	174.61

outubro, 2006	78	9	32.4	25.0	3.9	227.86
novembro, 2006	10	1	31.2	21.8	3.8	244.34
dezembro, 2006	NILL	NILL	28.5	16.6	3.3	254.70
janeiro, 2007	NILL	NILL	26.8	14.6	3.4	246.15
fevereiro, 2007	65	5	28.7	17.9	4.0	226.52
março, 2007	Traço	1	32.0	20.3	5.9	278.68
abril de 2007	102	8	32.3	23.5	5.2	255.87
maio, 2007	364	15	32.7	25.7	4.7	231.46
junho de 2007	828	26	31.9	26.1	2.6	167.19
julho de 2007	1091	29	30.2	24.4	1.5	89.47

Fonte: Departamento Meteorológico do Bangladesh, Cox's Bazar.

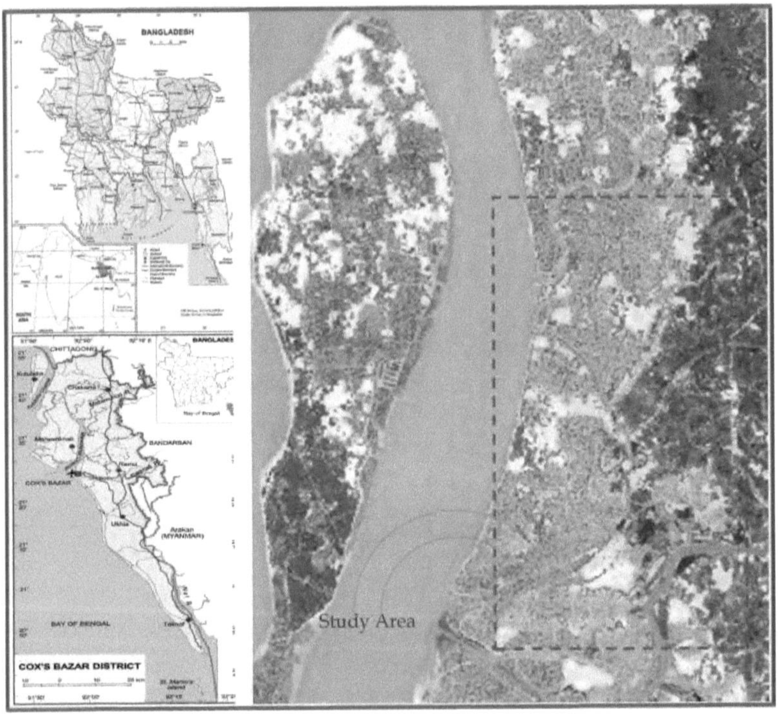

Figura 3. Imagem de satélite Landsat TM de março de 2007, mostrando a localização geográfica da zona de estudo na costa de Pekua, em Cox's Bazar

Capítulo IV. Materiais e métodos

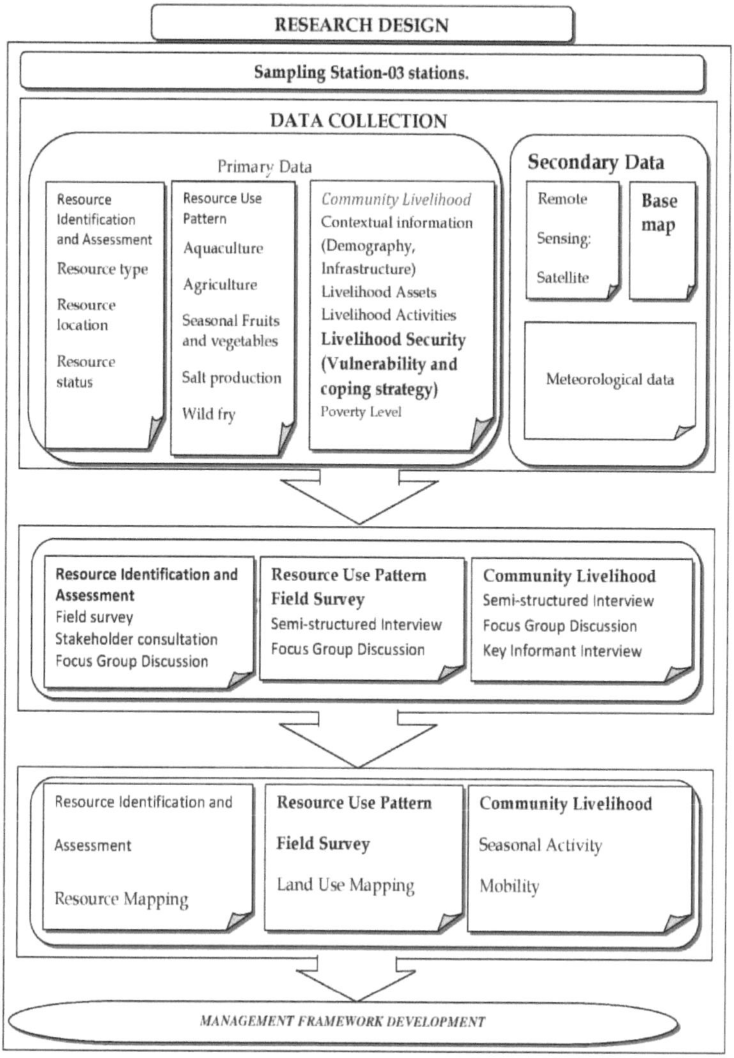

Figura 4. Quadro concetual da metodologia de investigação

Os planos de gestão costeira baseiam-se na compilação e análise de uma grande quantidade de informação sobre os recursos costeiros, o modo de utilização dos recursos e as caraterísticas dos utilizadores dos recursos. Estas informações foram obtidas a partir de fontes primárias e secundárias. Algumas destas informações provêm da recolha de dados secundários, tais como mapas, documentos e relatórios oficiais. A metodologia foi concebida de forma a combinar dados quantitativos e qualitativos para atingir os objectivos.

4.1 **Recolha de dados**

Foram efectuadas visitas exaustivas ao terreno entre agosto de 2006 e julho de 2007. Durante este período, foram recolhidos dados primários e secundários. As técnicas de Avaliação Participativa dos Recursos Costeiros (PCRA) foram utilizadas para recolher dados (por exemplo, contextuais, recursos disponíveis, abordagens de meios de subsistência) (Walters *et. al.*, 1998) de diferentes fontes seguindo Pido (1995), Pido *et. al.*, (1996), Townsley (1996) e IIRR (1998) e Hossain *et al.*, (2005). Os dados secundários necessários foram recolhidos junto dos respectivos departamentos. Os dados recolhidos foram sintetizados e os dados úteis foram extraídos para o estudo.

Entrevista semi-estruturada (SSI)

O método participativo utilizado com maior eficácia foi o SSI individual. As SSI são provavelmente a mais poderosa das ferramentas PCRA (McCracken *et. al.*, 1988). São abertas e interactivas; orientadas pelo investigador que tem um conjunto de perguntas ou subtópicos que são reformulados ou perguntados de forma diferente para triangular as respostas (Kapila e Lyon, 2000). São particularmente úteis para discutir tópicos ou questões específicas e recolher informações históricas. As SSIs foram conduzidas com diferentes classes socioeconómicas (homens e mulheres, pescadores, comerciantes, idosos e jovens. As SSIs com estes grupos foram utilizadas em vez de discussões de grupos de foco para discutir diferentes assuntos que afectaram os seus meios de subsistência.

Discussão em grupo de foco (FGD)

Foram realizados FGD para recolher dados sobre as actividades de subsistência das comunidades locais de Pekua upazila, aldeias de pescadores, vulnerabilidade, bens, créditos, sensibilização ambiental e impacto ambiental nos seus meios de subsistência.

Entrevista com informador-chave

Foi efectuada uma entrevista a informadores-chave para conhecer as informações importantes sobre a área de estudo em diferentes tópicos junto das pessoas socialmente influentes da upazila.

4.2 **Análise de dados**

Para descobrir o padrão de utilização dos recursos existentes e as condições de subsistência da comunidade, foram utilizadas as seguintes ferramentas PCRA específicas.

Mapeamento de recursos

O mapeamento dos recursos é outra ferramenta PCRA que é preparada para conhecer os recursos naturais, a densidade dos agregados familiares, as infra-estruturas e outros estabelecimentos, as estradas e os diferentes gabinetes das organizações governamentais e das ONG.

Análise de transectos

A caminhada de transecto foi feita em Pekua upazila através dos aterros costeiros para conhecer a visão geral sobre a distribuição de recursos através da upazila, uso da terra, floresta de mangue, etc.

Calendário sazonal

Foi preparado um calendário sazonal para conhecer o método das diferentes actividades de subsistência. Participaram neste exercício pescadores, agricultores, comerciantes, trabalhadores diários e pessoas idosas conhecedoras de diferentes actividades da upazila.

Actividades diárias

A elaboração de um gráfico das actividades diárias é necessária para conhecer os tipos de actividades realizadas tanto na época alta como na época baixa das comunidades masculinas e femininas. Os participantes neste exercício foram os pescadores, os agricultores e, claro, as mulheres.

Análise alimentar familiar

O tipo de alimentos consumidos pela comunidade foi atribuído através da análise da alimentação familiar.

Mapa de Mobilidade

Foi elaborado um gráfico de mobilidade para conhecer as comunidades locais onde se deslocam para satisfazer as suas necessidades e também a frequência da mobilidade. Os participantes neste exercício foram os habitantes locais de todas as profissões.

Sistema de Informação Geográfica (SIG)

Os SIG são utilizados para introduzir, armazenar, recuperar, manipular e analisar dados geograficamente referenciados ou dados geoespaciais, a fim de apoiar a tomada de decisões em matéria de planeamento e utilização dos solos, recursos naturais, ambiente, transportes, etc. (Fishcher e Nijkamp, 1993).

4.3 Quadro de gestão

Ao integrar todos os dados, foi desenvolvido um quadro de gestão para a utilização sustentável dos recursos que dá uma imagem clara da oportunidade dos recursos, das questões de gestão e das abordagens.

Capítulo V. Conclusões da investigação

5.1 Avaliação dos recursos costeiros

5.1.1*Recursos terrestres*

A área total de terra de Pekua abrange 13968 ha. Entre estes, 702 ha são áreas florestais, 498 ha são áreas de mangue, 857 ha são áreas de pântano e o resto são terras planas. A distribuição das terras entre as diferentes uniões é mostrada em

Tabela 5, Figura 5.

Quadro 5. Distribuição de terras entre os sindicatos em Pekua

Sl. Não.	União	Área (ha)
01	Rajakhali	1771
02	Toitong	2045
03	Barabakia	1404
04	Shilkhali	799
05	Pekua	2941
06	Magnama	2145
07	Uzantia	2863
08	Total	13968

Fonte: Gabinete de Estatística da Upazilla, Pekua

A zona de floresta de montanha cobre algumas partes das regiões limítrofes da costa de Pekua **(Quadro 6)**. Esta zona florestal fornece uma quantidade substancial de lenha à comunidade local desta região. As pessoas também recolhem madeira, frutos, etc., neste local. Entre as principais árvores plantadas nesta região montanhosa pelo departamento florestal costeiro, destacam-se as seguintes espécies *Acacia auriculiformis, Chikrasia tabularis, Eucalyptus camaldulensis, Dipterocarpus* spp, *Tectona grandis, Sweitenia mahogoni.*

Tabela 6. Distribuição da área de floresta de montanha em Pekua

Sl. Não.	União	Área (ha)
01	Toitong	386
02	Barabakia	184
03	Shilkhali	132
04	Total	702

5.1.2Recursos hídricos

Na upazila de Pekua não há grandes rios, exceto o rio Matamuhury no lado sul. Mas há muitos canais ligados ao rio Matamuhury ou ao canal Kutubdia. Os lagos de água doce em quase todas as casas constituem uma parte dos recursos hídricos interiores na zona costeira de Pekua. Existem 1891 lagos na upazila de Pekua, com cerca de 58 ha. Existem ainda 105 ha de área alagada em Pekua (Fonte: Gabinete de Agricultura de Upazila, Pekua). Mais uma vez, os cursos de água das zonas montanhosas dão uma pequena contribuição para os recursos hídricos interiores. O canal adjacente de Kutubdia é um dos recursos hídricos potenciais, que é um armazém de diferentes recursos biológicos.

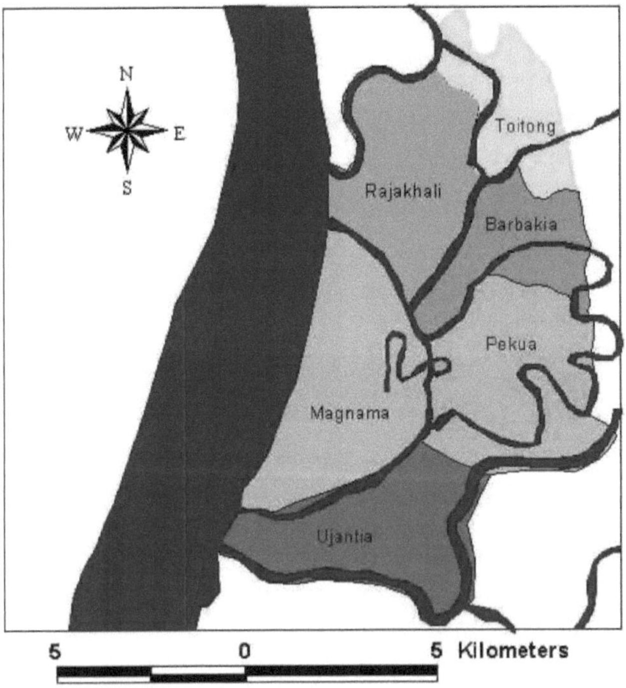

Figura 5. Limite administrativo da zona de estudo na costa de Pekua, em Cox s Bazar, com as principais vias navegáveis.

5.1.3Recursos biológicos

Foram identificados diferentes recursos biológicos na upazila de Pekua. Entre estes, os recursos haliêuticos e o ecossistema de mangais são dominantes. O vizinho canal de Kutubdia pode ser considerado como uma área de recursos para a comunidade costeira de Pekua. O canal é altamente produtivo em termos de recursos biológicos e o conjunto de fitoplâncton e zooplâncton, juntamente com as comunidades piscatórias, são mencionados em diferentes investigações sobre este canal. Hossain, (1989) observou as seguintes espécies de zooplâncton no canal: Copepode, Chaetognath, Lucifer, Sagitta, Mysides, Acetes, Amphipode, larvas de caranguejo, larvas de camarão, Hydromedusa, larvas de Squella, larvas de molusco, larvas de inseto, larvas de peixe. Alam, (1990) forneceu informações sobre a distribuição do seguinte ictioplâncton no canal de Kutubdia: *Cynoglossus cynoglossus, Hilsa spp, Chanos chanos, Elops saurus, Colia ramkarati, Gobioides rubicundus, Glossobius giuris,*

Pseudocryptes Ianccolatus, Lactarius spp, Lates calcarifer, Leiognathus equlus, Mugil spp, Opicthys boro, Eleutherynema tetradactylum, Johnius belangerii, Otolithoides pama, Protonibea diacanthus, Tetradon patoca, Therapon jarbua.

5.1.3.1 Recursos haliêuticos

Os recursos haliêuticos têm uma importância primordial no Bangladesh, dominado pela agricultura. A zona de Pekua é rica em diferentes recursos haliêuticos, pois possui uma combinação fantástica de khal-beels, lagoas, canais, rios, canais kutubdia e planícies. Há uma variedade de espécies de peixes e camarões capturados na costa de Pekua. Através da observação do mercado, foram identificadas as seguintes espécies **(Quadro 7).**

Tabela 7. **Recursos haliêuticos marinhos na costa de Pekua**

Sl.	**Peixes ósseos e crustáceos comerciais**		
Não.	**Nome local**	**Nome inglês**	**Nome científico**
Ol	Tengra	Peixe-gato	*Mystus gulio*
02	Bata	Tainha	*Liza tade*
03	Baila	Góbio-olho	*Glossogobius giuris*
04	Koral	Robalo	*Lates calcarifer*
05	Hundra	Peixe-dama	*Silago domina*
06	Loitta	Pato de Bombaim	*Harpadon nehereous*
07	Pungus	Pungus de água marinha	*Pungasius pungasius*

08	Poa	-	*Johnius argentus*
09	Banda	Camarão tigre preto	*Penaeus monodon*
10	Galda	Camarão de água doce	*Macrobrcahium rosenbergii*
ll	Laila	Camarão amarelo	*Metapenaeus brevicornis*
12	Harina	Camarão salpicado	*Metapeneus monoceros*
13	Gura icha	Camarão pequeno	*Acetes spp*

Durante o inquérito, foram encontrados no mercado os seguintes peixes de água doce **(quadro).**

Tabela 8. Peixes de água doce disponíveis no mercado local de Pekua

Sl. Não.	Nome local	Nome científico
01	Rui	**Labeo rohita**
02	Catla	*Catla catla*
03	Tilápia	*Oreochromis mossambicus*
04	Nilotica	*Oreochromis niloticus*
05	Carpas	*Anabus testudineus*
06	Chring	*Apocryptes bato*
07	Taki	*Channa punctata*
08	Shol	*Channa striata*
09	Mrigal	*Cirrhinus cirrhosus*
10	Carpa herbívora	*Ctnophyaryngodon idellus*
11	Carpa prateada	*Hypophthalmichthys molitrix*
12	Khalibaus	*Labeo calbasu*
13	Tengra	*Batasio tengana*
14	Magur	*Clarias batrachus*

5.1.3.2 Ecossistema dos mangais

Os mangais, conhecidos localmente como Paraban, desempenham um papel vital na economia nacional do Bangladesh. Para além de serem uma fonte de diferentes recursos renováveis, servem também de zonas-tampão contra os ciclones e as marés vivas. Em Pekua, desde o cais de Magnama até Uzantia, encontra-se uma pequena extensão (498,38 ha) de mangais ao longo das margens do canal de Kutubdia (**Figura 6**). É um local excelente para a plantação de mangais onde a atividade das ondas tende a ser mínima. Ecologicamente, as comunidades de mangais têm uma variedade de papéis reconhecidos nestas áreas. Um papel proeminente é a produção de folhagem e matéria detrítica que é exportada para o ambiente costeiro próximo da costa. A matéria orgânica exportada do habitat dos mangais é utilizada de uma forma ou de outra pelos habitantes do Canal de Kutubdia. A maioria dos camarões comerciais e muitas espécies de peixes são sustentados por esta fonte de alimento. De um modo geral, o ecossistema dos mangais é um local adequado para a alimentação, reprodução e criação de vários recursos haliêuticos marinhos, salobros e de água doce. Os mangais funcionam como viveiro de larvas e juvenis de peixes, camarões, caranguejos e berbigões, etc. O sistema radicular dos mangais, semelhante a uma franja, actua como estabilizador costeiro e aglutinador de sedimentos, ajudando assim a evitar a erosão nas zonas de mangais.

Figura 6. Ecossistema de mangais perto da costa de Magnama em Pekua.

Florestação costeira em Pekua

Relativamente à florestação costeira em Pekua, o Departamento Florestal Costeiro fez algumas tentativas. No âmbito do Projeto de Arborização da Barragem Costeira e do Projeto de Arborização Costeira, a arborização na região de Pekua começou numa escala modesta (317,81 ha) entre 1970 e 1980. Depois disso, o projeto de florestação de mangais decorreu durante três anos. Nessa altura, foram plantados cerca de 85,02 ha de mangais. Para além destes, nos últimos 20 anos, a plantação de mangais foi feita ao abrigo de diferentes projectos, nomeadamente o Projeto FIDA (8,83 ha), o Projeto de Gestão Florestal (26,87 hactares) e o Projeto da Cintura Verde Costeira (49 km) **(Quadro 9).** As principais espécies são Keora (Sonneratia apetala) e Baen (Avicenia officinalis).

Quadro 9. Florestação costeira em Pekua

Ano	Plantado Área	Nome do projeto					
		Projeto de arborização barragem costeira (ha)	Projeto da florestação costeira (ha)	de Afloramento de mangue Projeto (ha)	Projeto FIDA (ha)	Projeto de gestão dos recursos florestais (ha)	Projeto da Cintura Verde Costeira (Km)
1970-71	Magnama	50.61	-	-	-	-	-
1971-72	Magnama	20.24	-	-	-	-	-
1972-73	Magnama	20.24	-	-	-	-	-
1973-74	Magnama	-	2.02	-	-	-	-
1974-75	Uzantia	-	30.36	-	-	-	-
1975-76	Uzantia	-	149.80	-	-	-	-
1976-77	Uzantia	-	10.12	-	-	-	-
1977-78	Magnama	-	12.15	-	-	-	-
1978-79	Uzantia	-	12.15	-	-	-	-
1979-80	Uzantia	-	10.12	-	-	-	-
1980-81	Uzantia	-	-	12.15	-	-	-
1982-83	Magnama	-	-	72.87	-	-	-
1992-93	Magnama	-	-	-	32.39	-	-
1993-94	Magnama	-	-	-	36.44	6.75	-
1994-95	Magnama	-	-	-	-	20.12	-
1996-97	Estrada de ligação Magnama	-	-	-	-	-	7.0
1997-98	Barragem Magnama	-	-	-	-	-	12.0
1998-99	Estrada de ligação Magnama	-	-	-	-	-	6.0
1999-00	Barragem Magnama					-	16.0
	Estrada de ligação Magnama						
2000-01	Barragem Magnama	-	-	-	-	-	3.0
	Estrada de ligação Magnama	-	-	-	-	-	5.0
Total		91,09 (ha)	226,72 (ha)	85,02 (ha)	68,83 (ha	26,87 (Ha)	49.0 (Km)

Fonte: Departamento das Florestas Costeiras, Chittagong

Um dos principais problemas que afectam o habitat dos mangais resulta do desejo do homem de converter as áreas de mangais em viveiros de camarão, habitações, estabelecimentos comerciais, imóveis industriais e agrícolas através do enchimento de terrenos. Mas em Pekua o mangal está quase destruído ao longo da margem do canal de Kutubdia e outras áreas são mais vulneráveis. Observa-se que existe um forte conflito entre o Departamento de Terras e o Departamento de Florestas, o que cria condições aleatórias. Consequentemente, não existe um organismo de gestão eficaz para conservar a floresta de mangue.

5.1.4Mapeamento de recursos

O mapa de recursos/social é utilizado para recolher e traçar informações sobre a ocorrência, distribuição, acesso e utilização de recursos no domínio económico e cultural de uma comunidade específica (IIRR, 1998).

No presente estudo, foi elaborado um mapa de recursos para conhecer a densidade dos agregados familiares e o ambiente circundante, as infra-estruturas, os bens, a organização social, a organização governamental, a escola, etc. e outras instalações diferentes como estradas, lagos, árvores, etc. Os membros da comunidade participaram na identificação, localização e classificação da ocorrência e distribuição dos recursos. Várias pessoas foram autorizadas a desenhar pontos de referência e a preparar linhas de referência. Os participantes foram aconselhados a desenhar o mapa no quintal de uma casa usando giz. Os participantes foram ajudados a desenhar os recursos um a um (arrozal, canal, lagoa, área de cultura de camarão, área de produção de sal, estrada, casa, mesquita, etc.) para que pudessem colocar os itens no local apropriado no mapa **(Figura 7).** Para desenhar o mapa, foram utilizados materiais disponíveis localmente, tais como folhas, palha, areia, lama, etc. Mais tarde, o mapa em bruto foi convertido numa forma de papel apresentável.

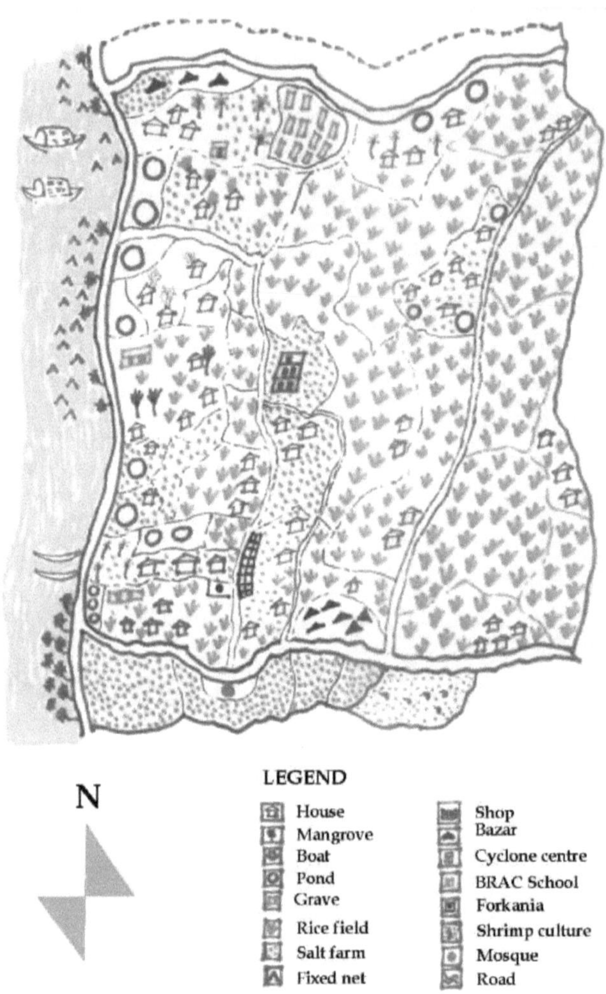

Figura 7. Mapa de recursos da aldeia de Magnama em Pekua

5.2 Padrão de utilização dos recursos costeiros

5.2.1Aquacultura

A aquacultura fornece proteínas excedentárias para o menu alimentar diário da população costeira de Pekua. A piscicultura satisfaz a procura local como complemento da pesca de captura no sistema de canais adjacente ao canal de Kutubdia. A criação de camarão satisfaz a procura nacional com moeda internacional. Mas as práticas de aquacultura nesta área ainda não estão à altura devido à falta de conhecimentos científicos sobre a cultura.

Cultura do camarão

A aquicultura de camarão em Pekua envolve principalmente sistemas de cultivo baixos e extensivos. Muitas das explorações situam-se na zona costeira do canal de Kutubdia e funcionam com culturas alternadas de camarão, sal e arroz. A criação de camarão tem contribuído para a geração de rendimentos nas zonas costeiras e para as receitas de exportação, mas há também relatos de um elevado grau de conflito social em alguns locais e de preocupação com os efeitos ambientais do camarão, principalmente a salinização nas zonas de cultivo de arroz.

O presente relatório de estudo baseia-se numa consulta participativa entre as partes interessadas a diferentes níveis. Foi efectuado um estudo intensivo junto de 30 agricultores de 12 explorações agrícolas diferentes para apurar a verdade real.

Existem 233 viveiros de camarão, que ocupam uma área de 3285,63 ha. A aquacultura costeira está a ser praticada em quatro uniões de Pekua, sendo que Magnama, Uzantia Rajakhali e Pekua representam cerca de 36%, 35%, 25% e 4% respetivamente (Fonte: Upazilla Fisheries Office, Chakaria) **(Figura 8).**

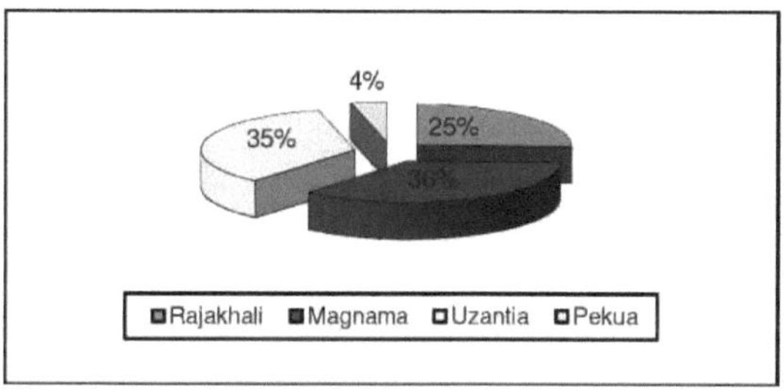

Figura 8. Zona de cultura de camarão em Pekua Upazila

Sistema de cultura

De acordo com a terminologia utilizada para os sistemas de criação de camarão no Bangladesh, existem três tipos diferentes de sistemas de cultura nos distritos costeiros para a cultura de *Penaeus monodon*. **São** conhecidos como sistemas de cultura "tradicionais ou extensivos", tradicionais melhorados" e "semi-intensivos".

A criação de camarão na zona costeira de Pekua é a mais tradicional e de tipo rotativo, como o camarão salgado. Observa-se que a maioria dos agricultores está a praticar a policultura **de** *Penaeus monodon* com diferentes peixes brancos como Mugil, *Lates calcarifer*, caranguejos, etc. Na verdade, os peixes adicionais no tanque de cultivo aumentam o custo operacional do agricultor. Eles pensam que a produção de camarão é o seu benefício.

Gestão agrícola praticada em Pekua

Na zona costeira de Pekua ainda se praticam métodos tradicionais de **agricultura**. Os agricultores seguem as seguintes técnicas.

Preparação do tanque

Como a maioria das explorações é utilizada para a produção de sal na estação seca, as explorações são quase secas antes da criação de **camarão**. 90% dos agricultores responderam que fazem secagem (tanque) e 68% dos agricultores usaram cal durante a renovação do tanque.

No presente inquérito, verificou-se que uma parte notável dos agricultores inquiridos não utiliza fertilizantes nos seus tanques devido à falta de conhecimentos técnicos. Cerca de 60% dos inquiridos não utilizam fertilizantes. Os restantes agricultores utilizam frequentemente estrume de vaca como adubo orgânico, mas não existe uma medida adequada. Utilizam diferentes fertilizantes inorgânicos, como o TSP e a ureia.

A fonte de água da zona de cultura é quase de maré. A água é captada no tanque durante o período de lua nova e lua cheia. Apenas cerca de 2% da exploração agrícola utiliza um sistema de bombagem devido à elevação do terreno.

Povoamento e origem dos alevins

Na zona investigada, não se procede a uma armazenagem adequada dos alevins. Uma vez que os agricultores não selecionam a água durante a captação, os alevins de origem selvagem foram armazenados juntamente com outras espécies através dessa água. Eles também colocam alevinos selvagens nos seus tanques em vez de alevinos de incubadoras. Cerca de 95% dos agricultores inquiridos utilizaram alevins selvagens. Os agricultores não seguem qualquer taxa de povoamento durante o povoamento dos alevins. Põem os alevins à vontade. A densidade de povoamento varia l-3ind/ m^2 .

Gestão

O sistema de gestão técnica atual não foi observado na exploração investigada. A alimentação suplementar é raramente observada. Dependem totalmente dos alimentos naturais, que são incorporados no tanque de cultura durante a ingestão de água.

Outras culturas de peixes

Durante a presente investigação a cultura de peixe fino foi encontrada apenas a nível familiar. A cultura comercial de Tilápia está a desenvolver-se nos últimos tempos.

5.2.2Pesca

A pesca artesanal nas águas costeiras era efectuada por embarcações tradicionais até meados de 1960. Estas pescarias incluem diferentes tipos de artes de pesca e embarcações. Algumas das artes de pesca são operadas por barcos mecanizados ou motorizados (12-22 Hp) e alguns barcos com motor raso. Em Pekua upazilla há cerca de 7472 pescadores que se dedicam à pesca em 150 barcos mecanizados (acima de 22 Hp) e 550 barcos não mecanizados (Tabela 10). Mas atualmente quase todos os pequenos barcos utilizam motores pouco profundos. Havia uma quantidade significativa de redes de arrasto estuarinas (ESBN) utilizadas para a pesca no canal adjacente de Kutubdia. A outra rede mais utilizada é a rede de deriva, que é usada perto da praia.

Quadro 10. **Situação da pesca costeira em Pekua**

Total de pescadores	N.º de embarcações mecanizadas	N.º de embarcações não mecanizadas
7472	150	550

Fonte: Departamento de Pescas, Chakaria

5.2.3 Agricultura

A maioria das pessoas dedica-se a actividades agrícolas de arroz e legumes. Entre a produção agrícola, as pessoas praticam principalmente Aush (sementeira na estação seca e colheita na estação das chuvas), Amon (sementeira na estação das chuvas e colheita na estação seca). Mas atualmente pratica-se outro tipo de cultura de arroz (Boro) nesta área. O padrão de utilização da terra cultivável é o seguinte (Tabela 11).

Quadro 11. **Superfície de produção agrícola em Pekua**

Produtos agrícolas	Área cultivada (ha)
Aush	1233
Aman	7385
Boro	5180
Legumes	197
Folha de Bettel	20

Na upazila de Pekua há uma área de 8200 ha de terra cultivável onde 7315 hactares são atualmente cultivados. As terras agrícolas estão distribuídas de forma quase igual nos sete sindicatos de Pekua upazila **(Figura 9).** Desta área cultivada foram produzidas cerca de 41686 MT de produtos agrícolas no ano fiscal de 2005-2006. Há cerca de 23311 agricultores envolvidos na atividade agrícola, dos quais 6885 são sem terra, 3229 são pequenos, 11032 são marginais, 1725 são da classe média e 450 são solventes. (Fonte: Gabinete de Agricultura da Upazila, Pekua).

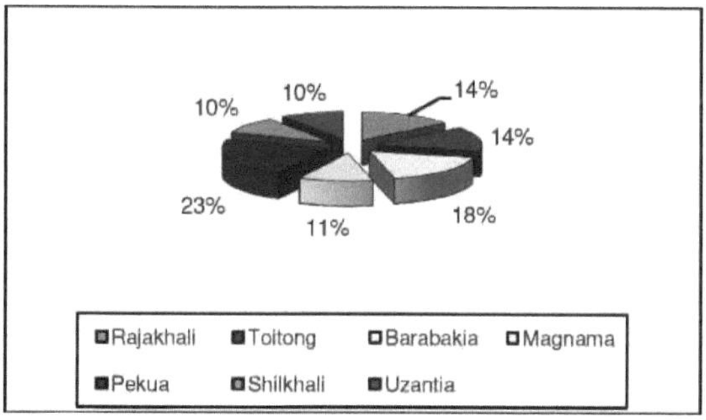

Figura 9. Distribuição das terras agrícolas em Pekua

5.2.4Frutas e legumes da época

Todos os anos é produzida uma grande quantidade de fruta sazonal, entre as quais a jaca, **que é** produzida na zona montanhosa. Nesta área são produzidos diferentes tipos de legumes (Tabela 12). Também se cultivam folhas de bétel nas **zonas** montanhosas de Barabakia e Toitong.

Quadro 12. Principais produtos hortícolas de Pekua

Nome inglês	Nome local	Nome científico
Rabanete	Mula	*Raphanus sativus*
Feijão jacinto	Haste	*Lablab niger*
Feijão de corda	Barbate	*Vigna sesquipedalis*
Cabaça doce	Misti kumra	*Cucurbita maxima*
Cabaça de garrafa	Lau	*Lagenaria siceraria*
Cabaça de cera	Chal kumra	*Benincasa hispida*
Pepino	Shasa	*Cucumis saluais*
Pepino (curta)	Khira	*Cucumis anguina*

Cabaça com nervuras	Jhinga	*Luffa acutagula*
Cabaça de esponja	Dhundul	*Luffa, cilíndrica*
Cabaça amarga	Karala	*Momordica charantia*
Cabaça de teasel	Kakrol	*Momordica cochinchinensis*
Cabaça de cobra	Chichinga	*Trichosanthes dioica*
Melão	Banggi	*Cucumis melo*
Melancia	Tarmuj	*Citrullus lanatus*
Batata	Alumínio	*Solanum tuberosum*
Brinjal	Begoon	*Solanum melongena*
Tomate	Tomate	*Lycopersicon esculentum*
Malagueta	Jhal marich	*Capsicum sp.*
Quiabo	Dhedosh	*Abelmoschus esculenus*
Amaranto vermelho	Lalshak	*Amaranthus gangeticus*
Espinafres da Índia (verdes)	Phuishak (Shabuj)	*Basela alba*
Espinafres	Palongshak	*Espinácia (Spinacia oleracea)*
Erva do pântano	Helencha	*Enhydrafluctuans*
Espinafres de água	Kolmi	*Ipomoea aquatica*
Batata-doce	Misti alu	*Ipomoea batatus*
Papaia verde	Papai	*Carica papaya*
Folha de juta	Patpata	*Corchorus capsularies*
Feto	Dhekishak	*Dryopteris lilix-nias*

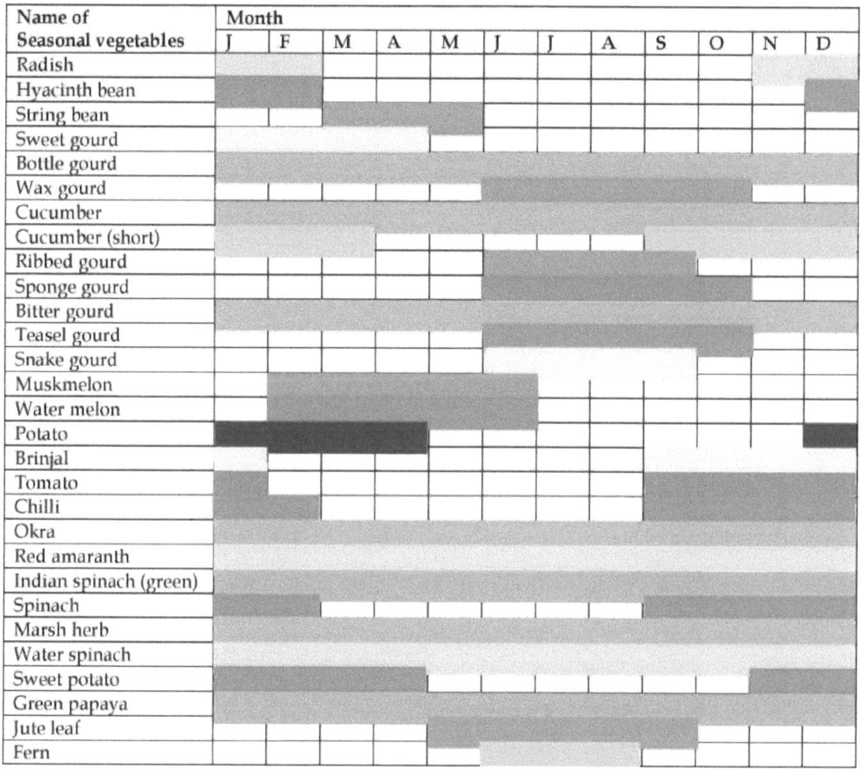

Figura 10. Sazonalidade dos produtos hortícolas sazonais em Pekua

5.2.5 Produção de sal

As populações costeiras do **Bangladesh** tinham a tradição de produzir sal através da fervura da água do mar. th Durante a região de Arakan (por volta do **final** do século XV), o sal era produzido na zona de Cox'sBazar. thNo século **XVII**, a Companhia das Índias Orientais passou a controlar totalmente o negócio do sal. Em seguida, o Governo britânico proibiu a produção local de sal no final do século XVIIIth . Começaram a importar sal de Liverpool para satisfazer a procura desta região. A primeira empresa comercial de produção de sal foi criada em Cox's Bazar em 1947. Em 1960, a Bangladesh Small and **Cottage** Industries Corporation (BSCIC) começou a produzir sal em 1742 hectares nos distritos de Chittagong e Cox's Bazar. Desde então, a área e a taxa de produção de sal estão a aumentar gradualmente para satisfazer a procura crescente.

Entre as zonas de produção de sal, Pekua desempenha **um papel** significativo na produção total de sal. A produção de sal começa no início de novembro e prolonga-se até ao final de maio. As principais zonas de produção de sal em Pekua concentram-se nas uniões de Rajakhali, Magnama, Uzantia, Pekua e Toitong **(Quadro 13).**

Quadro 13. Situação da produção de sal de pekua (2006-2007)

União	**Número de agricultores**	**Área de produção (ha)**
Rajakhali	1941	934.65
Toitong	149	60.73
Pekua	453	226.32
Magnama	1669	1036.44
Uantia	2659	1796.36
Total	6871	4054.50

Fonte: Centro de sal do BSCIC, Darbeshkata, Chakaria.

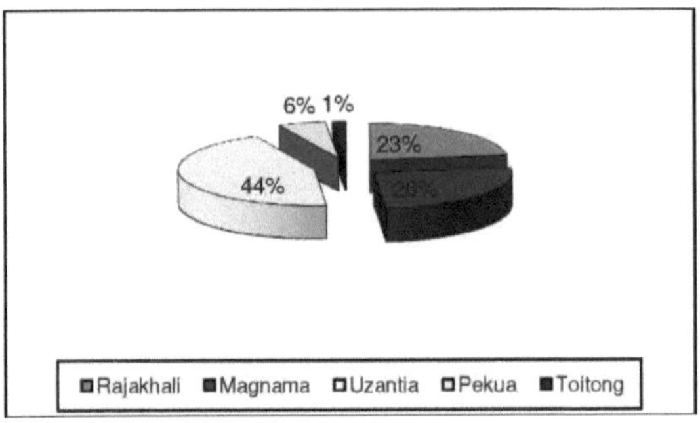

Figura 11. Produção de sal em Pekua Upazila

Mecanismo de produção de sal

Exceptuando alguns mecanismos simples, o método de recuperação ou precipitação do sal da água do mar no Bangladesh é praticamente o mesmo que o utilizado em muitos outros países asiáticos como a Índia, Myanmar e Tailândia, etc.

Preparação do leito de sal

O leito de sal é nivelado e compactado com um rolo (figura 33) no início da estação seca, em novembro-dezembro, para que a solução de salmoura não se infiltre no solo. Cada área é dividida em vários recintos de sal, tais como Kacha Koda (reservatório), Jaat koda (condensador) e Kara Koda (cristalizador), por diques baixos (localmente chamados ile's) de lama com tamanho gradualmente decrescente, mas com inclinação crescente para a transferência gravitacional da água condensada.

Entrada de água do mar

A água do mar foi introduzida nos leitos de sal preparados através de valas ligadas ao rio ou a canais. A profundidade da água nos diferentes tanques Katcha Koda, Jatt Koda e Kaara Koda era de 15 cm, 10 cm e 5 cm. Durante este processo, a água do mar é gradualmente concentrada de cerca de 36-40‰ nos primeiros tanques de evaporação para cerca de 75-100‰ nos últimos tanques de evaporação. Depois é transferida para o Kaara Koda (300-330‰) onde é depositada após nova concentração da água do mar até cerca de um décimo do seu volume original **(Figura 12).** Se as salinas estiverem mais baixas do que a maré alta, a água do mar pode fluir através de portões para dentro delas. Caso contrário, a água do mar é levada das valas para os currais através de equipamentos locais acionados manualmente, como o *dongin* e *o echuin.* Também foram observadas bombas de água para o efeito. A operação demora apenas um ou dois dias.

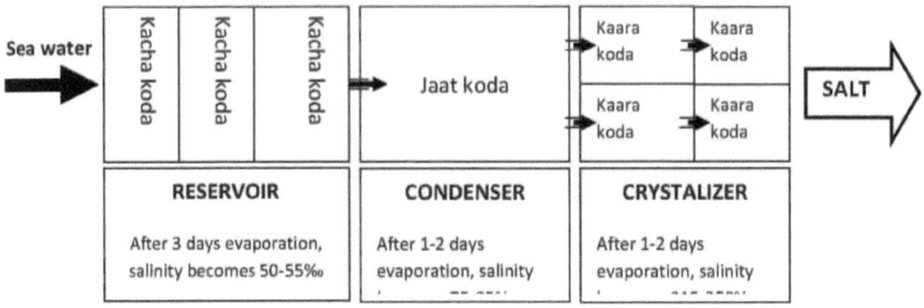

Figura 12 . Esquema de uma salina típica por técnica de evaporação solar (Hossain *et. al.*, 2001)

Após a chegada ao Kaara Koda, a halite (NaCl) começou a precipitar-se com outros sais. No espaço de um ou dois dias, uma camada muito fina de sal tinha-se depositado sobre os leitos, que eram muito difíceis de recuperar do fundo. O resultado é uma contaminação significativa da lama com o sal colhido. Por vezes, observou-se que os salineiros juntavam sais velhos para recuperar rapidamente os sais. Os sais eram retirados dos cristalizadores após três a quatro dias (ideal em condições de inverno) e seis a sete (condições anormais). Os sais colhidos eram então armazenados in situ nas casas de sal (pequenos depósitos de sal) adjacentes às salinas.

Colheita e produção

De acordo com a Bangladesh Small and Cottage Industries Corporation (BSCIC), o centro de sal, Darbeshkata, Chakaria, Cox's Bazar, utilizou 4054,50 ha de terra para a produção de sal em Pekua upazilla no ano fiscal de 20062007 e produziu 187 000 toneladas de sal. A taxa de produção é de 46,12 MT ha^{-1} . O rendimento aumenta durante a estação seca mais longa, mas a estação chuvosa mais longa reduz a taxa de produção. Há outros factores, como a taxa de evaporação, a temperatura, a radiação incidente, a humidade relativa e a velocidade do vento, que afectam a produção de sal. Como todos os factores são naturais, a produção de sal varia de ano para ano (Quadro 14).

Quadro 14. Tendências da produção de sal em Pekua e numa parte de Chakaria

Ano	Produção (ha)	Zona N.º de agricultores	Produção total (tonelada métrica)
2003-2004	5732.63	9870	280,000
2004-2005	6042.75	10195	237,067
2005 -2006	6848.01	10522	456,000
2006-2007 Pekua)	(Apenas 4054,50	6871	187,000

Fonte: Centro de sal do BSCIC, Darbeshkata, Chakaria

Sistema de negociação de sal

Durante a observação no terreno, foram observados dois tipos de sistemas de comércio de sal. Os aratder locais (vendedores inteiros) compram o sal aos salineiros nas salinas, que o vendem diretamente no mercado local. Por outro lado, as grandes empresas de sal recolhem o sal com a ajuda dos seus agentes locais. Estes agentes armazenam o sal nos depósitos de sal locais, que são posteriormente transferidos para a região de Chittagong, Narayanganj e Khulna com a ajuda de um barco a motor de grande capacidade. O preço à saída da exploração varia entre 1500 e 3000 Tk MT^{-1} de sal, consoante a qualidade (quadro 15). O sal branco, produzido pelo método do polietileno, é considerado de boa qualidade, enquanto o sal misturado com lama é considerado de qualidade inferior.

Tabela 15. Flutuação da taxa de sal em Pekua

Mês	Taxa (TakaZMT)		
	Meios de cristalização: Solo		Cristalização
	Preto (com lama)	Branco	Suporte: Polietileno
agosto, 2006	2250	3000	-
setembro, 2006	2250	2750	-
outubro, 2006	2000	2500	-
novembro, 2006	2250	3000	-
dezembro, 2006	2000	2750	-
janeiro, 2007	1500	2000	2500
fevereiro, 2007	1500	2000	2500

março, 2007	1500	1750	2250
abril de 2007	1500	1750	2250
maio, 2007	1875	2250	2500
junho de 2007	2250	2750	3000
julho de 2007	2250	2750	3000
agosto, 2007	2250	2750	3000

Fonte: Centro de sal do BSCIC, Darbeshkata, Chakaria

Padrão de propriedade e análise custo-benefício

A maioria dos salineiros arrenda temporariamente a terra por uma época aos proprietários ou através de intermediários, e muito poucos agricultores têm a sua própria terra. Geralmente, o dinheiro do arrendamento em Pekua varia de 15000 Tk a 25000 Tk por acre. Se considerarmos a análise custo-benefício (Quadro 16), o rendimento líquido de um agricultor varia entre 20000 Tk/Acre/Season e 50000 Tk/Acre/Season.

Tabela 16. Análise custo-benefício de dois métodos existentes de produção de sal.

Descrição	**Meios de cristalização: Solo**	**Meios de cristalização: Polietileno**
A Despesas diretas		
1 Dinheiro do aluguer de terrenos	14375.00	14375.00
2 Salário do trabalho	8400.00	8400.00
3 Material	1000.00	1000.00
4 Polietileno (150 jardas)	-	2000.00
5 Tubo PVC (2" dia) 10 unid.	-	250.00
B Despesas indirectas		
1 Transportes, impostos, comissões e outras despesas (134/MT)	2010.00	2613.00
C Custo total de produção (A+B)	29785.00	32638.00
D Produção	15MT	19,50 MT
E Preço	53400.00	87750.00
F Resultado líquido (E-C)	23615.00	55112.00

Fonte: Projeto BSCIC Salt, 2004

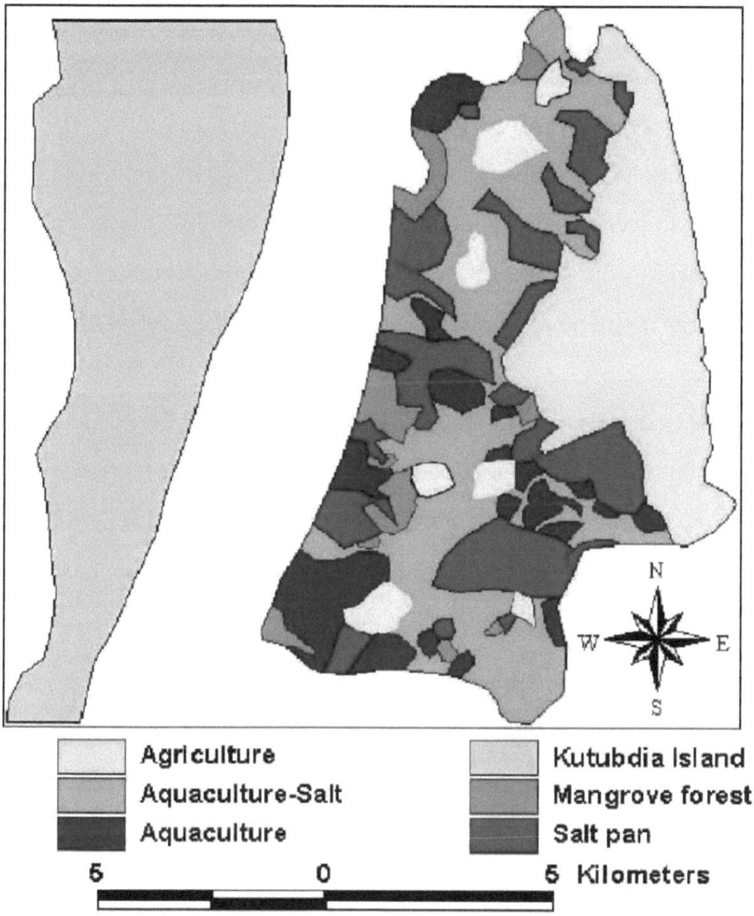

Figura 13. **Padrão de utilização das terras da costa de Pekua em Cox's Bazar**

5.2.6Coleção de alevins de camarão selvagem

A recolha de pós-larvas de camarão selvagem na natureza é a principal fonte de pós-larvas para o povoamento de tanques de cultura de camarão costeiro extensivos e melhorados no Bangladesh. Só muito recentemente é que as maternidades começaram a dar o seu contributo. Uma pesquisa recente da FAO TCP/BGD/ 6714 de 8600 fazendas nos distritos de Cox's Bazaer, Khulna, Satkhira e Bagerhat revelou que 79,7% das fazendas dependiam apenas da coleta selvagem e 17,2% dependiam tanto da coleta selvagem quanto de incubatórios para suas necessidades de alevinos de camarão. Apenas uma pequena fração de agricultores (3,1%), na altura deste inquérito (1998), dependia exclusivamente dos alevins de camarão criados em maternidades. Existe uma dimensão social importante na recolha e comercialização de alevins selvagens, que surgiu como uma atividade económica importante para as populações costeiras no início dos anos 80 (Hoq *et. al.*, 1995). As estimativas do número de pessoas envolvidas são variadas - de 0,15 milhões de homens, mulheres e crianças envolvidos na recolha de alevins de camarão na faixa costeira de Cox's Bazar a Satkhira em 1990 (BOBP, 1990). Um número recente de pessoas envolvidas na recolha de alevins de camarão é de 0,117 milhões (Fonte: Shrimp cell of DOF) e o número de colectores de alevins na costa de Pekua é de 1770.

Principais caraterísticas da recolha de alevins de camarão

A coleção de sementes de camarão selvagem está amplamente distribuída ao longo da costa do Canal de Kutubdia.

Épocas de recolha de alevins de camarão

Os alevins de camarão *Penaeus monodon* estão disponíveis em duas épocas altas. A época alta na divisão de Chittagong é de meados de fevereiro a meados de agosto e na divisão de Khulna é de meados de novembro a meados de julho (Hoq *et. al.*, 1995). Paul *et al.*, (1993) referiram que a época de alevins de camarão selvagem nas zonas do distrito de Cox's Bazar é de janeiro a outubro. Na costa de Pekua, a maior abundância ocorre em março e novembro e a menor em outubro.

Tipos de engrenagens

Existem dois tipos de artes utilizadas nas águas costeiras de Pekua para a recolha de alevins de camarão. Trata-se da rede de emalhar e da rede de saco fixa. Nestas artes é frequentemente utilizado um material sintético de rede de monofilamento com uma malha de 1 a 2 mm, sem nós.

a) Pushnet

A rede de emalhar é fixada a uma armação de bambu (Figura 14), ao longo de um comprimento de cerca de 2,5 a 3,5 metros e fornece a borda inferior que se arrasta ao longo do fundo do terreno dos alevins. É utilizada principalmente em águas pouco profundas, com uma profundidade de cerca de 2-3 pés ao longo do canal. Este tipo de rede funciona durante o início da maré alta ao longo da costa.

Figura 14. Funcionamento do pushnet em Magnama Ghat

b) Rede de sacos fixa

A rede de saco fixo tem uma abertura larga de cerca de 4,0 a 5,0 metros para permitir a passagem de um grande volume de água através do saco fixo que tem cerca de 2,0 a 3,0 metros de comprimento (Figura 15). No início da maré alta, um bambu comprido é colocado horizontalmente ao longo do rio ou da zona entre-marés, fixando uma extremidade à margem e projectando-se sobre a água. A rede de saco fixa é colocada contra a corrente e mantida em posição por meio de uma longa corda de nylon, uma das quais ligada à extremidade livre do bambu e a outra a uma pequena cavilha de bambu cravada na margem. A totalidade das capturas acumuladas na extremidade do saco fixo era retirada periodicamente com a ajuda do fio e esvaziada num contentor.

Figura 15 Rede fixa de sacos ao longo da costa de Magnama

Eficiência da engrenagem

A mudança de preferência do tipo de arte para a rede de saco fixa na zona de Pekua pode ser atribuída à eficiência demonstrada pela rede de saco fixa como arte de recolha de alevins de camarão, em comparação com a rede de emalhar. No entanto, as taxas de captura de 750 a 1600/dia para a rede de emalhar e de 900 a 1150/dia para a rede de saco fixa, comunicadas por Paul *et al.* (1993) durante os períodos de pico da época dos alevins (fevereiro a março e setembro a outubro), indicam que a eficiência de ambas as redes não varia se os alevins forem abundantes. A eficiência de ambas as redes não varia se os alevins forem abundantes. O custo fixo destes dois tipos de redes varia consoante o quadro 17.

Quadro 17: **Estimativa dos custos fixos associados à utilização de artes de recolha de camarão selvagem.**

Artigo	Pushnet (Tk)	Rede de saco fixa (Tk)
Material líquido	100	800
Moldura	50	100

Corda	15	100
Contentor de triagem	150	150
Copo de seleção	10	10
Lâmpada de querosene	25	25
Total	350	1185
Depreciação	50%	50%
Custo anual	175	592.5

Funcionamento da engrenagem

A recolha de camarão selvagem não é uma atividade contínua ao longo do ano. A recolha de alevins aumenta durante os meses de pico e, nos meses de pico, a captura de alevins aumenta na lua cheia e na lua nova. Também lhe chamam período *de Joo*, que significa alevins abundantes. Na lua cheia e na lua nova, a captura aumenta para mais do dobro. Os colectores de alevins referiram que não tinham conhecimento das razões pelas quais as colheitas são melhores nas luas cheia e nova. Apenas acreditam que existe alguma relação entre a maré alta e a disponibilidade de alevins. O *Joo* permanece quase cinco a sete dias. Os colectores de alevins referiram que as duas horas de captura de alevins são o início da manhã e o início da noite. Durante o *Joo,* o nmero de colectores de alevins aumenta. Os colectores de alevins em melhor situação contratam mão de obra extra para a apanha de alevins, e alguns colectores de alevins a tempo parcial ou ocasionais também se juntam para obter um rendimento extra.

O número de horas/dia dedicadas à recolha de alevins é uniforme em todas as áreas. O número de dias/mês de recolha de alevins é menor em Pekua do que nas outras áreas, uma vez que está limitado ao período de maré alta do mar. Noutras zonas, a recolha de alevins é efectuada nos viveiros. A operação das artes e a seleção dos alevins são mais ou menos semelhantes em todas as zonas de Pekua. As horas gastas na operação das artes variam consoante o tipo de arte, a localização da zona e a abundância de alevins. O tempo médio de operação para Pushnet é de cerca de 5 a 6 hrs/dia e para bagnet fixo é de cerca de 6 a 8 hrs/dia (Tabela 18).

Tabela 18. **Funcionamento da arte de pesca e recolha de alevins de camarão da arte de pesca em Pekua**

Área de estudo	N.º de horas de funcionamento/dia	Método de remoção do dispositivo de captura	Utilização da água para fritar triagem	Tipo de contentor de triagem	Utilização de uma sombra para triagem
Pekua	Pushnet-5-6 Rede de saco fixa - 6-8	Mergulhar no recipiente de triagem de frituras	Água dessiluída da mesma fonte	Alumínio	Tonalidade natural

Os colectores de alevins estão envolvidos em empregos alternativos durante os dias de não-coleção, tanto na época como na época baixa. A recolha de alevins de camarão selvagem não é considerada a principal atividade profissional na zona de estudo.

Rendimento da recolha de alevins selvagens

O rendimento médio mensal varia consoante a zona e o tipo de arte. Depende totalmente da taxa de alevins. (1995), o rendimento diário dos colectores de alevins varia entre 40-125 Tk/pessoa e este meio de emprego dura cerca de seis meses. Nesta investigação, observou-se que o seu rendimento varia entre 100-500 Tk, dependendo da quantidade de alevins recolhidos.

Comercialização de alevins selvagens

Para compreender a comercialização dos alevins, é necessário conhecer o contexto socioeconómico dos colectores de alevins e o sistema de comercialização. Os meios de subsistência dos colectores de alevins são muito incertos, instáveis e complexos. As capturas e os rendimentos dos colectores de alevins variam consoante a captura e o preço. Eles pedem dinheiro emprestado aos comerciantes de alevinos durante o período de escassez. Existe um acordo não escrito entre o comerciante e o coletor de alevins. O coletor de alevins venderá as capturas aos comerciantes a um preço a ser estabelecido por estes. Os preços oferecidos aos colectores de alevins são sempre inferiores aos preços praticados nos mercados. Esta armadilha invisível obriga os recolectores de alevins a venderem as suas capturas aos comerciantes ao preço estabelecido por estes.

O padrão de comercialização dos alevins selvagens varia entre as zonas de recolha de alevins selvagens. O padrão de comercialização dos alevins foi observado nas zonas de consulta de Pekua, como se mostra a seguir (Figura 16).

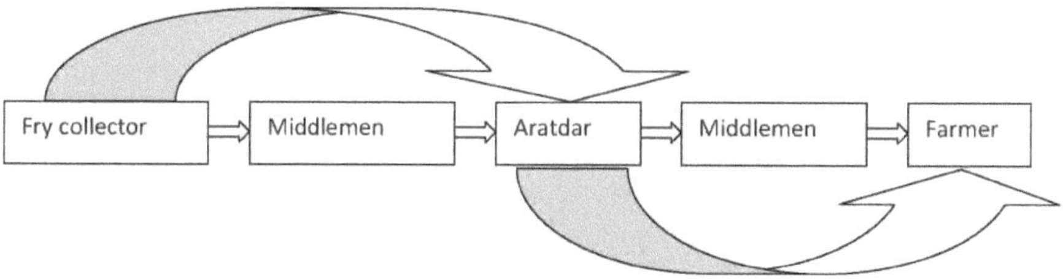

Figura 16. Padrão de comercialização dos alevins em Pekua

5.2.7Secagem de peixe

Peixes comestíveis conservados através da remoção de humidade. A secagem de peixe como meio de conservação tem sido praticada desde tempos imemoriais nesta região, e o peixe seco é considerado como uma iguaria na ementa de muitas pessoas de Pekua, assim como no Bangladesh. O princípio básico da secagem de peixe é que a atividade das enzimas musculares e dos microrganismos é reduzida a um mínimo através da extração do conteúdo de água do peixe por meio de secagem ao sol, de uma forma tradicional (Figura 17 e 18). A secagem do peixe é efectuada em algumas áreas costeiras selecionadas e em depressões interiores do Bangladesh onde não existem instalações modernas de conservação e boas infra-estruturas de transporte. Em

Pekua alguns pontos importantes são: Magnama Uzantia e Rajakhali. A principal arte de pesca para o fornecimento de peixe para secagem é a rede de sacos estuarinos (ESBN); os peixes colhidos são transportados para os estaleiros de secagem e depois separados por espécies por trabalhadores contratados. As espécies marinhas importantes que são secas são Loitya (*Harpodon neherius*), Chhuri (*Leptura-Canthus sanala*), Lakhua (*Polynemus indicus*), Rupchanda (*Pampus chinensis*) e camarões (espécies *Metapenaeus* e *Penaeus*).

São necessários dois a oito dias para a secagem, dependendo do tamanho e da espécie dos peixes. Os peixes segregados são colocados em esteiras ou pendurados em prateleiras elevadas/polos. Os peixes secos são, muitas vezes, infestados por mosca varejeira (espécie *Chrysomya*) e as suas larvas (larva) durante a fase de secagem, especialmente nos dias nublados e chuvosos; e por besouro (espécie *Necrobin*) e ácaros no armazém, causando uma quantidade considerável de perda de peso do produto acabado todos os anos. Para proteger os produtos da infestação de insectos, os comerciantes utilizam frequentemente vários insecticidas e fungicidas nocivos. Mas a disponibilidade de esterilização de peixes secos por radiação pode garantir um ambiente livre de poluição. O Instituto de Biologia Alimentar e das Radiações da Comissão de Energia Atómica do Bangladesh está atualmente empenhado na investigação da tecnologia de armazenamento de peixes secos por radiação nuclear.

O preço de mercado do peixe seco varia consoante a disponibilidade de peixe. No entanto, a produção de peixe seco está a diminuir gradualmente em Pekua devido ao esgotamento das reservas naturais.

Figura 17. Secagem de peixe de lixo para uso avícola

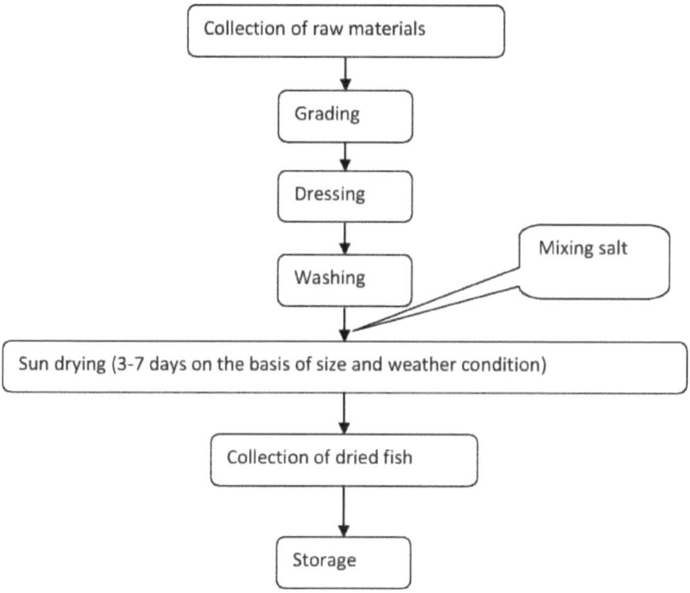

Figura 18. Etapas de processamento da secagem de peixe em Pekua

5.2.8 Análise de transectos

A análise de transectos centrou-se claramente no padrão existente de uso da terra, particularmente na área de Pekua **(Figura).** A caminhada de transecto foi efectuada na aldeia através da estrada principal da aldeia para conhecer o tipo de cultura, o tipo de solo, a utilização da terra, as árvores, as aves e os animais. A população local foi acompanhada durante a caminhada para maior aceitabilidade pela comunidade e para obter o significado local das diferentes caraterísticas físicas da comunidade. O transecto ajudou a concentrar as discussões em zonas específicas e nas actividades aí realizadas e identificou alguns problemas-chave. Entre as vantagens da análise de transectos está o retrato simples dos recursos presentes e as questões económicas, sociais e ambientais associadas.

Utilização do solo	Mar	Mangrov e	Dique	Humano	Produção de sal	Agricultura	Aquacultura	High1 estrada de acesso	Colinas
Recursos	Peixe, camarão, ostra, mexilhão, caranguejo, tartaruga, etc.	Keora (*Sonnerat ia apetala*), Baen (*Avicenna officinali*)	Duna, Vegetação, Árvores	Árvores, gado,	Sal	Paddy, produtos hortícolas sazonais Cultivo de pimenta Folha de betal, noz de betel, etc.	Camarão, robalo, tainha e outros peixes ósseos	Árvores junto à estrada	Árvores
Meios de subsistência	Pesca, recolha de alevins de camarão	Recolha de lenha	-	Jardinagem, Aves de capoeira, Agricultura	Salicultura	Cultivo	Preparação dos lagos e colheita	Recolha de lenha	Recolha de lenha
Problemas	Diminuição dos produtos da pesca, Poluição da água, Pirataria marítima, Pesca ilegal por pessoas de fora	Desflorestação	Erosão	Falta de água potável, eletricidade, preparação para catástrofes, transportes, educação, saúde, desemprego, etc.	Lago de tecnologia Armazenamento adequado, etc.	Não fértil Conversão para produção aquícola	Doença, falta de tecnologia	Estreito	Desflorestação e abate de árvores, perda de biodiversidade selvagem.
Oportunidades	Pesca, navegação de exploração de recursos renováveis e não renováveis	Conservação de viveiros de vários organismos	Energia eólica, Abrigo	Construção de casa e outros acessórios	Emprego	Mais produção	Emprego e mais produção		Florestação para conservação do ambiente

Figura 19. Análise de transectos mostrando o atual padrão de utilização dos solos em Pekua

5.2.9 Modo de utilização dos recursos

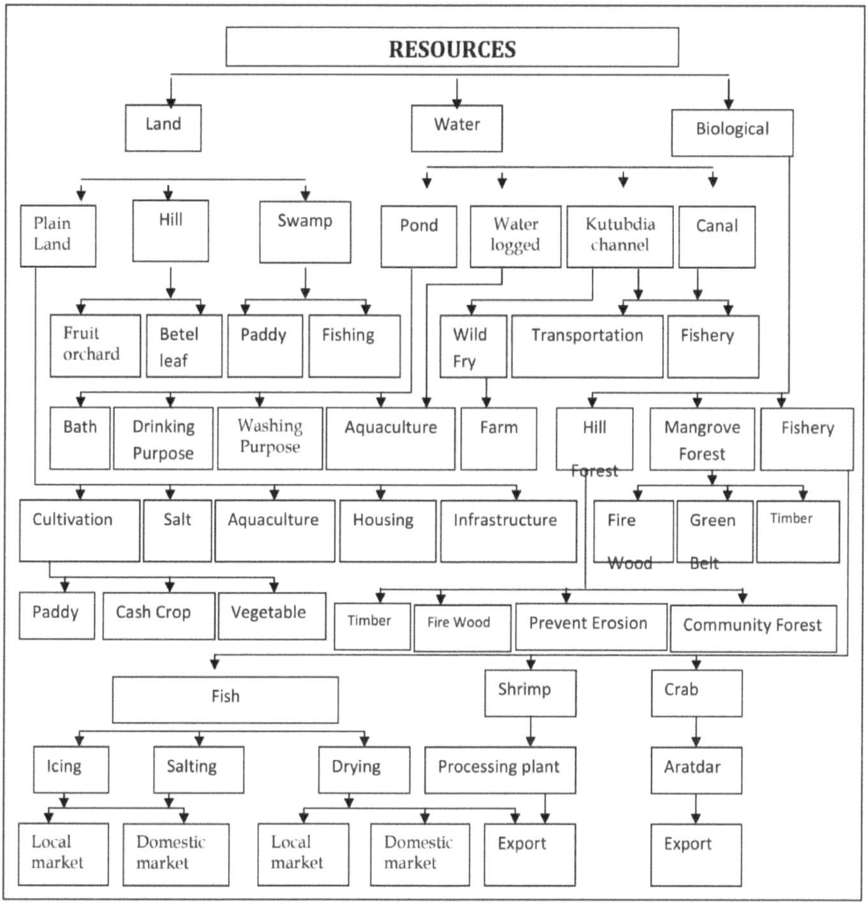

Figura 20: Modo de utilização dos recursos

5.3 Papel da utilização dos recursos como meio de subsistência

Os meios de subsistência da comunidade costeira pobre dependem da biodiversidade, mas os padrões e formas de extração, produção e consumo de recursos naturais que são incentivados pelo atual quadro de desenvolvimento. A expansão horizontal da produção de sal, que outrora eram campos de arroz, criou uma intrusão de salinidade e reduziu a pastagem da cultura tradicional de camarão, que não está a contribuir muito para a economia nacional desta zona.

A tónica foi colocada na informação de base através da participação da comunidade para identificar os recursos costeiros, os padrões de utilização da terra e as potencialidades, incluindo o acesso a água potável, educação, saúde e saneamento, etc., para uma segurança sustentável dos meios de subsistência.

5.3.1 Informações contextuais sobre a comunidade local

A área de estudo de Pekua Upazila tem uma área de 34.517 acres e uma população total de 1.33.255 habitantes **(Quadro 19)**, sendo 51,3% homens e 48,7% mulheres (Gabinete da ONU). Os principais grupos étnicos são os muçulmanos, os hindus e os budistas. Os muçulmanos representam a maior proporção da população total, que é de cerca de 95,8%, enquanto os hindus e os budistas representam 2,69% e 1,51%. Há 22.990 famílias em Pekua.

Tabela 19. População total e área das diferentes Uniões em Pekua

Nome da União	Área (Acre)	Masculino	Feminino	Total	Número de famílias
Rajakhali	4377	11985	10855	22840	3771
Toitong	5056	9826	10334	20160	3754
Barabakia	3469	9795	9511	19306	3511
Shilkhali	1975	3837	3758	7595	1359
Pekua	7265	17962	16566	34528	5730
Uzantia	7073	5078	4616	9694	1669
Magnama	5302	9881	9251	19132	3136
Total	34517	68364	64891	133255	22990

Fonte: Gabinete de Estatística da Upazila, Pekua.

Depois de conversar com a população local, a aldeia de Magnama foi selecionada como aldeia representativa. A população total da união é de cerca de 2.132 pessoas, incluindo 347 famílias, das quais 51,6% são homens e 48,4% são mulheres. A esperança de vida é de cerca de 60 anos para ambos os sexos.

A distribuição dos grupos etários da comunidade é de 22,8% com menos de 10 anos, 4,7% com mais de 60 anos e os restantes 72,5% pertencem aos 11-60 anos para ambos os sexos **(Tabela 20).** O tamanho médio das famílias é de 6,1, quase consistente com o tamanho nacional das famílias, ou seja, 5,3 (BBS, 1994). No entanto, o tamanho da família varia consoante as categorias sociais, ou seja, o tamanho da família das comunidades pobres é geralmente maior do que o das pessoas ricas. Isto pode dever-se ao facto de as comunidades pobres terem uma atitude positiva em relação a uma família mais numerosa, uma vez que consideram o número de filhos como um membro extra que ganha dinheiro, especialmente os filhos do sexo masculino.

Quadro 20: Distribuição por grupos etários dos membros da família na aldeia de Magnama

Número de série.	**Faixa etária**	**N.º de membros**	**Percentagem (%)**
01	Abaixo de 10	486	22.8
02	11-20	371	17.4
03	21-30	420	19.7
04	31-40	325	15.2
05	41-50	264	12.4
06	51-60	166	7.8
07	Mais de 60 anos	100	4.7
08	Total	2132	100

5.3.2Pobreza

A pobreza na faixa costeira é significativamente maior do que nas zonas não costeiras do país. O PIB médio per capita (ao preço de mercado atual) na zona costeira foi de 21 379 Tk em 1999-2000, em comparação com 22 684 Tk fora da zona costeira. Entre os grupos profissionais, a incidência da pobreza é mais elevada entre os trabalhadores agrícolas (BBS, 2002b: 28). Os seus salários são baixos e o emprego também não é regular devido ao carácter sazonal da agricultura. A proporção da população abaixo do nível de "pobreza extrema" oficialmente reconhecido (rendimento inferior a 1 dólar/dia) no Bangladesh é de 29% (Banco Mundial 2003: 236).

O grau de pobreza em termos de ingestão de calorias é relativamente elevado na zona costeira. Na zona costeira, 52% das pessoas são *absolutamente pobres* e 25% são *extremamente pobres*. Nas zonas costeiras de Pekua, a pobreza absoluta e extrema foi de 40,4% e 18,24%, respetivamente (BBS, 1998).

5.3.3Activos de subsistência

5.3.3.1 Capital humano

Com base nos activos do agregado familiar (propriedade ou acesso), os membros envolvem-se numa série de actividades para ganhar a vida. As escolhas são condicionadas pela extensão da respectiva base de activos. Um agregado familiar com uma base de activos diversificada tem obviamente mais opções e está em melhor posição para maximizar o bem-estar do agregado familiar, alcançando um nível mais elevado de rendimento, consumo, conforto e segurança, e diversificando também o risco.

Os principais recursos humanos da aldeia de Magnama são os experientes colectores de camarões, pescadores experientes, barqueiros, agricultores hábeis e trabalhadores diaristas. A principal ocupação foi a captura de peixe no canal de Kutubdia, a produção de sal, o cultivo de produtos agrícolas, a cultura de peixe e camarão, etc. Outras ocupações foram o comércio de peixe, o comércio de alevins selvagens, puxar riquexó, cortar terra, trabalho diário, etc. A criação de gado é também um cenário comum nesta zona. As oportunidades de trabalho para as mulheres limitam-se ao trabalho doméstico e à criação de aves de capoeira. Durante a época baixa, alguns trabalhadores migram para as zonas urbanas em busca de trabalho.

5.3.3.2 Capital social

As pessoas desta região são pacíficas e geralmente ajudam-se mutuamente durante os choques e os riscos. Convidam-se mutuamente para festivais sociais e religiosos, independentemente da religião. O casamento precoce é um fenómeno comum nesta aldeia, embora algumas organizações governamentais e não governamentais estejam a trabalhar na sensibilização.

5.3.3.3 Capital natural

Magnama está situada junto ao canal de Kutubdia, que é muito produtivo em termos de recursos haliêuticos. A população da aldeia depende principalmente da pesca de ESBN no canal. Uma pequena mancha de mangais plantados fez desta costa uma forte zona tampão não só para peixes e camarões mas também para diferentes animais selvagens, répteis e aves. A recolha de camarões selvagens é responsável pela perda colossal da biodiversidade nesta região. Entre as árvores, são comuns os coqueiros e as tâmaras. Nas margens dos aterros divergem os legumes e as frutas. A textura do solo é franco-argilosa arenosa e é adequada para a rotação de sal de camarão.

O padrão de propriedade da terra é um indicador importante para traçar o nível de envolvimento das pessoas nas actividades agrícolas. Para dar um padrão distinto de posse de terra, as estatísticas de 3 aldeias são dadas abaixo **(Tabela 21).**

Quadro 21. Padrão de posse de terra das aldeias de Pekua

Padrão de exploração das terras	**Rajakhali**		**Magnama**		**Uzantia**	
	HH	**%**	**HH**	**%**	**HH**	**%**
5 acres+	1	5.3	2	9.5	-	-
3-5 acres	2	10.5	2	9.5	1	5.3
1-2 acres	4	21.2	3	14.3	3	15.8
Inferior a 1 acre	3	15.8	4	19.0	2	10.5
Apenas herdade	7	36.8	6	28.7	8	42.1
Homesteadin outros terrenos	2	10.5	4	19.0	5	26.3
Total	19	100	21	100	19	100

5.3.3.4 Capital físico

O capital físico inclui os transportes e as comunicações, a habitação e os abrigos, a água e o saneamento, a energia e outros activos relacionados com as comunicações. Os transportes e as comunicações facilitam o progresso social e económico. Nas zonas costeiras, as instalações de transporte e comunicação bem estabelecidas reduzem a vulnerabilidade, uma vez que as pessoas podem deslocar-se facilmente de um lugar para outro, especialmente durante o período de catástrofe. Em Pekua upazila, a densidade de estradas é de 2,42km/km^2 . No Bangladesh existem sete categorias de sistemas rodoviários desenvolvidos pela Divisão de Estradas e Auto-estradas (RHD) e pelo Departamento de Engenharia do Governo Local (LGED). No âmbito do LGED, quatro categorias de estradas são construídas a nível de Upazila **(Tabela 22).**

Tabela 22. Redes rodoviárias em Pekua

Tipo de estrada	Comprimento total (Km)				N.º de árvores na berma da estrada
	Flexível Pavimento (BC)	Pavimento de tijolo	De barro	Total	
Regional Autoestrada	22.6	0	0	22.6	NK
Estrada de Upazila	30	12.22	0.35	42.57	23266
Estrada da União	9.99	49.57	38.48	98.04	13385
Estrada da aldeia Tipo A	6.67	45.91	67.14	119.72	19372
Estrada da aldeia Tipo B	7.0	10.35	39.45	56.80	0
Total	76.26	118.05	145.42	339.73	56023
Área total			139,68 km^2		

Fonte: Gabinete da Upazila LGED, Pekua.

Nas zonas costeiras, o abrigo contra ciclones é um capital físico fundamental. O ciclone, juntamente com a maré, é um fenómeno regular nas zonas costeiras do Bangladesh. Existem 23 abrigos contra ciclones em Pekua Upazila. Mas, em função da densidade populacional, o número de centros de proteção contra ciclones é muito superior ao número necessário. Há cerca de um centro para ciclones por cada 5794 pessoas.

Os principais meios de transporte são o riquexó, o táxi, o autocarro e o bote (barco tradicional), etc. Alguns comerciantes têm jornais. O rádio é comum aos aldeões. TV e VCR/VCP/CD players estão disponíveis no Bazar. Especialmente cada barraca de chá tem um desses para atrair os clientes, mas muito incomum na aldeia, exceto duas ou três famílias. A cobertura total da rede celular está disponível aqui. A maior parte dos lojistas tem um telemóvel na loja para fazer negócios. Por outro lado, o telemóvel é muito comum nas famílias de imigrantes da aldeia.

5.3.3.5 Capital financeiro

O capital financeiro refere-se aos recursos financeiros de que as pessoas dispõem (por exemplo, poupanças em dinheiro, crédito, remessas) e que lhes proporcionam diferentes opções de subsistência. Inclui também recursos ilíquidos que podem ser rapidamente convertidos em dinheiro e meios mais líquidos. Existem investimentos dos sectores público e privado. O programa de microcrédito prevalece neste domínio em menor grau, embora tenha sido um dos principais motores das intervenções do sector das ONG e do governo nas últimas décadas. A poupança e o crédito são os dois principais activos financeiros na perceção das pessoas. Não existem dados desagregados sobre a poupança. No que respeita ao crédito, a população local depende de fontes institucionais (programas especiais patrocinados pelo Governo, bancos e

ONG) e não institucionais (prestamistas privados). O Grameen Bank (GB) e as ONG são as duas principais fontes de micro-crédito para as pessoas pobres.

5.3.3.6 Capitais de subsistência da comunidade local

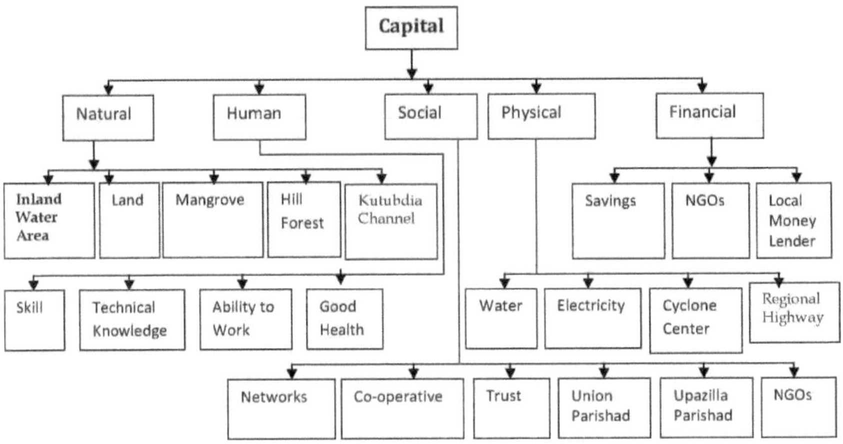

Figura 21. Capitais de subsistência da comunidade local

5.3.4Actividades de subsistência

A condição de subsistência das pessoas depende em grande medida dos recursos disponíveis ao nível do agregado familiar em termos de propriedade e acesso. Por conseguinte, certas actividades são comuns em todo o lado e algumas são típicas da zona costeira. Algumas ocupações podem ser atribuídas exclusivamente à zona costeira e outras são relevantes para os distritos costeiros em maior grau do que outras.

As actividades de subsistência na zona costeira podem ser agrupadas em algumas categorias gerais: Estas são:

A. Actividades baseadas nos recursos naturais, tais como:

- Agricultura,
- Produção de sal,
- Pesca,

- Aquacultura,
- Recolha de alevins de camarão,
- Coleção de lenha.

B. Actividades baseadas nos recursos humanos, tais como:

- Criação de gado e de aves de capoeira,
- Construção de barcos (carpintaria),
- Criação de redes,
- Confeção de *kantha*,
- Transformação de peixe,
- Comércio, etc.

Estas duas categorias correspondem, grosso modo, a actividades agrícolas e não agrícolas. Ambas as categorias de actividades podem basear-se no trabalho por conta própria e no trabalho por conta de outrem. No entanto, as actividades de subsistência ao nível do agregado familiar são diversificadas. Para além da agricultura, os agricultores também se dedicam à pesca, à criação de animais e ao comércio (venda de colheitas ou de produtos lácteos para comprar outros bens essenciais). Cada vez mais, as pessoas dedicam-se a uma atividade secundária juntamente com a atividade principal. A força motriz por detrás da opção por múltiplas ocupações é maximizar o rendimento do agregado familiar e minimizar o risco (DOP-ICZMP, 2004a). De facto, os meios de subsistência são diversificados por uma série de factores culturais, sociais, ambientais e políticos, e mesmo esta diversidade varia de comunidade para comunidade.

No presente inquérito, foram consideradas três uniões de Pekua (Magnama, Uzantia e Rajakhali) para avaliar a diversidade dos meios de subsistência

(Quadro 23, Figura 22).

Table 23. Diversidade de meios de subsistência em pekua

Actividades	.1 -'1 '''	**Percentagem (%)**
Aquacultura	Rendimento agrícola	16
Pesca	Fora da exploração	21
Produção de sal	Rendimento agrícola	18
Criação de gado		1
Mão de obra na produção de sal	Trabalho assalariado agrícola	2
Agricultura	Rendimento agrícola	29
Trabalho de pesca	Trabalho assalariado fora da exploração	2
Trabalho agrícola	Trabalho assalariado agrícola	5
Coletor de alevins selvagens	Fora da exploração	2
Negócios	Não agrícola	1
Serviço	Salário não agrícola	1
Recolha de lenha	Fora da exploração	1
Comércio de peixe	Não agrícola	1

Nas comunidades costeiras de Pekua, verifica-se que 63% dos agregados familiares ganham a vida com actividades agrícolas, especialmente na agricultura, aquacultura e produção de sal, 24% ganham com actividades não agrícolas (pesca, recolha de alevins selvagens e recolha de lenha), 7% com o salário da exploração agrícola, 2% com actividades não agrícolas, 2% com o salário não agrícola, 1% com o salário não agrícola e 1% com a criação de gado **(Figura 21).**

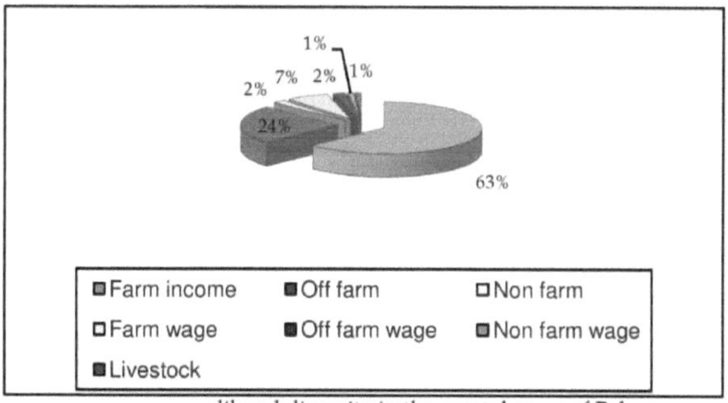

elihood diversity in the coastal areas of Pekua
Figure 22. Livelihood diversity in the coastal areas of Pekua

Figura 23. Diversificação das opções de subsistência das comunidades costeiras em Pekua

5.3.5 Resultados dos meios de subsistência

5.3.5.1 Nutrição e segurança alimentar

A maioria dos aldeões consome peixe marinho quase diariamente devido à disponibilidade e ao preço de mercado favorável. Alguns têm a sua própria horta familiar. Algumas hortas nutricionais estão a ser criadas no âmbito do PNN (Projeto Nacional de Nutrição). O peixe seco também está disponível nesta região. Alguns cuidam de patos e galinhas, mas quase não os utilizam para consumo familiar. As famílias mais ricas da aldeia são auto-suficientes e têm capacidade para se alimentar durante todo o ano. As famílias mais pobres sofrem de escassez durante a época baixa da pesca, nos meses de novembro a janeiro.

5.3.5.2 Educação

A taxa média de alfabetização em Pekua é de 26,4%, sendo que os homens apresentam uma proporção maior (27,3%) de alfabetização do que as mulheres (25,5%) (Serviço de Estatística, Pekua). A comunidade muçulmana apresenta uma maior proporção de pessoas que sabem ler e escrever. As pessoas ricas têm maior acesso à educação. A proporção de pessoas ricas que sabem ler e escrever é mais elevada, seguida das pessoas de classe média e pobre. As pessoas pobres revelam analfabetismo. O número de escolas primárias (governamentais e não governamentais) em Pekua é de 52, sendo o número de escolas secundárias e colégios de 10 e 2, respetivamente (Gabinete de Educação da Upazila, Pekua). Para além destes, há 19 Madrasha que oferecem ensino Madrasha em Pekua. **O quadro 24** apresenta dados pormenorizados sobre o ensino primário e secundário, especialmente no liceu, Madrasha e colégio.

Table 24. Nível de instrução da Upazila de Pekua

ttipo	Número		N.º de professores do Estado		N.º de professores particulares		N.º de alunos	
	Governo.	Privado	Masculino	Feminino	Masculino	Feminino	Masculino	Feminino
			Escola primária					
Governo.	27	-	9060		-	-	6264	7557
Privado	13	-	--		47	5	1643	1352
Registado	-	3	--		5	2	168	113

Privado Não Jardim de Infância registado n	-	9	-	22	14	94	74
Comunidade Escola	-	3	--	NK		NK	NK
Total	40	15	9060	74	21	8169	9096
			Escola secundária				
Raparigas	-	2	--	10	6	0	647
Co-educação	-	8	--	79	5	1897	1792
Total	-	10	--	89	11	1897	2439
			Colagem				
Coeducação	-	2	--	NK	NK	NK	NK
			Educação Madrasha				
Ebtedaya	-	9	--	NK	NK	NK	NK
Dakhil	-	4	--	34	3	221	527
Alim	-	4	--	50	1	517	766
Fazel	-	2	--	41	0	286	270
Total	-	19	--			1024	1563

Fonte: Gabinete de Educação da Upazila, Pekua. NK= Não conhecido

Na aldeia de Magnama existe uma escola primária do governo, uma escola secundária e uma escola comunitária não governamental. O governo não providenciou instalações suficientes para a aldeia. No entanto, as pessoas referiram que a sua tendência para a educação está a aumentar de dia para dia. A introdução de diferentes incentivos, como a Upabritti (bolsa de estudo), tornou as raparigas mais favoráveis aos pais do que os rapazes. Também se observa que o número de estudantes do sexo feminino é mais elevado a nível escolar devido à possibilidade de Upabritti (bolsa de estudo).

5.3.5.3 Saúde e serviços de saúde

A saúde humana é um dos indicadores importantes da situação socioeconómica de uma região. A saúde depende muito de uma série de elementos-chave, como o planeamento familiar, a disponibilidade de instalações de saúde e o acesso a água potável e a alimentos seguros. A taxa de subnutrição é mais elevada em Pekua, sobretudo no caso das raparigas. O programa de vacinação infantil em Pekua está a decorrer a bom ritmo. As vacinas comuns como a DPT, o sarampo e a vitamina A (para os meses 9-59) são tomadas por 65% a 95% da população costeira. A taxa de consumo de sal iodado varia entre 60% e 90% (Islam, 2004). A diarreia, a disenteria sanguínea, a pneumonia e a malária são doenças comuns em Pekua. As infra-estruturas de saúde em termos de rácio população/camas de hospital são relativamente fracas em Pekua. Existe apenas um complexo de saúde com 50 camas e apenas 5 médicos trabalham nesse complexo, dos quais apenas 4 são médicos alopatas (MBBS) em consultório privado. Se se considerar a população total de Pekua Upazila, há uma cama de hospital por cada 2665 pessoas. Recentemente, foi criada uma clínica privada e um centro de diagnóstico no sector privado.

Na aldeia de Magnama não há nenhum médico MBBS exceto vários médicos L.M.A.F, R.M.P e Homeopáticos. A vacinação parece ser bem sucedida nesta aldeia. Cerca de 95% dos partos são efectuados sob os cuidados de Dai (parteira) e os restantes 5% em hospitais privados ou públicos. Este tipo de prática deve-se ao facto de os aldeões não estarem conscientes de que o parto é seguro e, ao mesmo tempo, de baixo custo.

5.3.5.4 Água potável

Os agregados familiares com acesso a fontes de água dependem de poços tubulares ou de água de abastecimento ou de água de lagos, rios e canais. Mais de 89,2% dos agregados familiares bebem água de poços tubulares e 10,8% utilizam água de lagos. Os habitantes da aldeia têm de partilhar um poço tubular com pelo menos 20-30 famílias. O membro feminino da família geralmente recolhe a água potável. Quase todos os agregados familiares possuem 48% de poços tubulares e 25% são propriedade conjunta com vizinhos (Quadro 25). O governo fornece cerca de 20% de poços tubulares e cerca de 7% são fornecidos pelas ONG. Embora utilizem a água dos poços tubulares para beber, cerca de 99% utilizam a água do tanque para lavar os utensílios.

Tabela 25. Padrão de poço tubular utilizado em Pekua

União	N.º de HH observadas	Utilizar bem o tubo		Utilizar outros		Padrão de propriedade do poço tubular (%)			
		HH	%	HH	%	Próprio	Partilhar	G O	ONG
Rajakhali	19	18	94.6	1	5.0	57	23	21	6
Magnama	21	19	91.3	2	10.0	51	23	16	9
Uzantia	19	16	81.7	3	16.0	36	29	23	6
Total	59	53	89.2	6	10.8	48	25	20	7

5.3.5.5 Saneamento

Em termos de acesso a instalações sanitárias, apenas 30% dos agregados familiares têm latrinas sanitárias ou de laje circular e outros 36% usam latrinas *Katcha*. Cerca de 16% dos agregados familiares não têm latrinas (GoB/FAO/UNDP: BGD/97/017, 2004). Na área investigada, cerca de 56% dos agregados familiares utilizam como latrina uma área com lençóis de água, 17% utilizam locais abertos como a berma da estrada, terrenos agrícolas, 15,7% utilizam latrinas sem fossas e apenas 11,3% utilizam latrinas sanitárias. A maioria dos aldeões não usa sabão ou cinzas depois de ir à casa de banho. Também foi observado que, antes de comerem os seus pratos, usam água do tanque para lavar as mãos, pois pensam que não é essencial lavar as mãos com sabão.

5.3.5.6 Habitação

Os materiais de construção das casas podem ser considerados uma das unidades de medida do nível de vida das pessoas e um indicador da situação socioeconómica de uma região. Com base nos materiais de construção das paredes, a situação socioeconómica em Pekua é pior do que no resto do país. Pela observação física, a maioria das casas de habitação é feita de materiais de origem vegetal como *chon*, palha, bambu, etc. As casas de habitação feitas de uma combinação de materiais como chapa de ferro ondulada, parede feita de bambu, parede de lama ou parede de tijolo ocupam o segundo lugar. Há uma percentagem menor de casas com paredes feitas de materiais duráveis como tijolo e cimento.

5.3.5.7 Segurança social

Nos últimos anos, não foi registada nenhuma violência grave na aldeia de Magnama, exceto alguns crimes menores. Não há indícios de problemas de arremesso de ácido ou de arsénico. Os pescadores enfrentam por vezes problemas de roubo de redes.

5.3.5.8 Combustível para cozinhar

Cerca de 99% dos agregados familiares utilizam lenha para cozinhar e 1% utiliza outros. Na maioria dos casos, as mulheres são responsáveis pela recolha de combustível para cozinhar. Alguns agregados familiares utilizam estrume de vaca seco ou pau de estrume de vaca como combustível, o que não é saudável.

5.3.5.9 Estatuto da Mulher

Na maioria dos casos, os membros masculinos do agregado familiar são quem toma as decisões. As mulheres são responsáveis por cuidar das crianças pequenas, da saúde e da educação. Ela também é responsável por fazer as refeições, cuidar do gado, dos patos, dos pintos e da recolha de lenha e água e também depositar o dinheiro do empréstimo. Durante as estações de Amon, Aush e Boro, é também responsável por descascar, secar e armazenar o arroz no celeiro. As pescadoras ajudam os pescadores a separar os peixes, a secá-los e a vendê-los no mercado.

5.3.5.10 Atividade sazonal

O calendário sazonal é útil para documentar o período cíclico regular (ou seja, sazonal) e os acontecimentos significativos que ocorrem durante todo o ano e influenciam a vida da comunidade (IIRR, 1998). Fornece uma imagem geral das tendências ambientais e socioeconómicas importantes ao longo do ano. Os membros da comunidade foram questionados sobre as suas actividades em relação às estações do ano. Foram realizadas reuniões de grupo, o que teve várias vantagens, incluindo o acesso a um vasto conjunto de conhecimentos e o controlo mútuo. Havia uma tendência para o mecanismo de auto-correção no seio do grupo, porque se uma pessoa apresentasse uma imagem demasiado favorável do seu próprio comportamento ou do comportamento do grupo, um colega faria uma observação mais realista. O controlo cruzado entre os diferentes grupos manteve um elevado grau de uniformidade. A informação foi assimilada, sintetizada e triangulada e, finalmente, foi formulado um calendário sazonal de actividades de subsistência na área de estudo **(Figura 23)**.

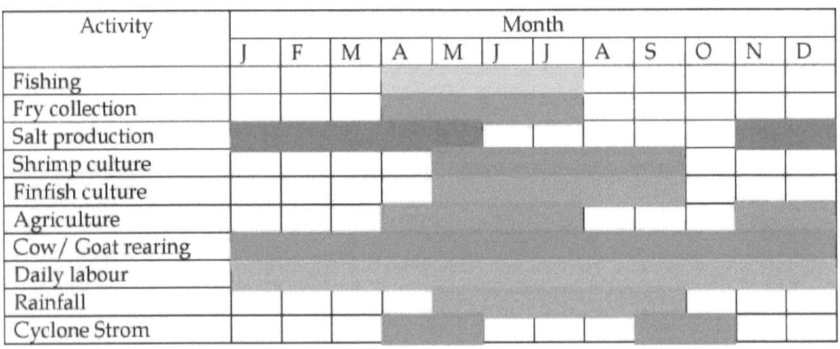

Figura 24. Atividade sazonal da população local de Magnama, Pekua

5.3.5.11 Análise alimentar familiar

Foi avaliada a adequação nutricional dos alimentos e bebidas consumidos pelos membros da família. Este estudo constitui uma oportunidade para recolher informações sobre as fontes, a distribuição, a diversidade e a segurança dos alimentos. Neste estudo, algumas famílias selecionadas da comunidade foram entrevistadas para avaliar o seu consumo alimentar. Entre elas, o menu alimentar de uma família da união de Magnama foi apresentado numa tabela **(Tabela 26)**, que é mais ou menos semelhante em cada área de estudo.

As comunidades pobres comem habitualmente arroz aguado (arroz cozido em água durante a noite) com piripiri e cebola ao pequeno-almoço. O arroz é uma ementa muito comum ao almoço e ao jantar. Como a maioria das famílias se dedica à pesca, têm a oportunidade de arranjar peixe em cada dia consecutivo, mas isso depende da disponibilidade de peixe. A batata é outro item comum; é incluída em quase todas as refeições. Foi referido que comem vegetais sazonais quase todos os dias, uma vez que estes estão facilmente disponíveis e crescem nos seus quintais.

Tabela 26. Análise da alimentação familiar dos habitantes da aldeia

Artigo alimentar	Frequência de consumo
Arroz regado (localmente designado por *Fani Bhat* ou *Panta Bhat*)	A maior parte da manhã
Arroz	Duas vezes (Almoço e Jantar)
Peixes marinhos ou de água doce	Quase todos os dias de uma semana.
Peixe seco	Durante o inverno e a estação das chuvas: 2-3 dias por semana
Frango/Carneiro	Ocasionalmente, 2 a 3 vezes por mês.
Batata	Quase todos os dias
Legumes (amaranto vermelho, espinafres, cabaça de cobra, cabaça de mordedor, cabaça de	Sazonal, ou seja, quando disponível

cumeeira, abóbora, dedo de moça, nabo, couve-flor, rabanete, beringela, pepino, feijão, etc.)	
Frutos (melancia, manga, jaca, papaia, palmeira, ananás, banana, etc.)	Sazonal, ou seja, quando disponível

Observa-se que a maior parte da população das zonas de estudo não tem uma dieta equilibrada e que, por vezes, se regista escassez de alimentos. Os alimentos continuam a ser escassos durante o mês bangla de *Baishak* (abril-maio), aumentando significativamente em *Srabon* (julho-agosto), coincidindo com a estação das chuvas. Em *Bhadra* (agosto-setembro), o défice alimentar das famílias diminui e volta a aumentar em *Ashwin* (setembro-outubro). Posteriormente, a partir de *Kartic* (outubro-novembro) e até ao final do ano (março-abril), os agregados familiares com défice alimentar são mais baixos.

As proporções de agregados familiares com défice alimentar são mais baixas no mês de *Agrahyan* (novembro-dezembro). Proporcionalmente, a comunidade rica tem mais excedentes alimentares do que as famílias médias e pobres. A partir daí, as famílias ricas são pouco afectadas durante o período de crise. Por conseguinte, não são obrigadas a reduzir o número de refeições diárias durante este período. Por outro lado, as famílias médias e pobres têm de reduzir o número de refeições tomadas por dia durante o período de crise.

5.3.5.12 Actividades diárias

As principais actividades dos habitantes são a pesca, a cultura do camarão, a produção de sal e a agricultura, quer como mão de obra diária, quer como proprietários dessas actividades domésticas. Uma pessoa pode estar envolvida em duas ou mais ocupações diferentes, ou seja, a cultura do camarão, a salicultura e a agricultura. Algumas das

as profissões são sazonais, pelo que uma pessoa pode exercer diferentes actividades num mesmo ano.

Pomeroy (1995) propôs uma gestão dos recursos baseada na comunidade como forma de envolver os utilizadores dos recursos e de utilizar as disposições institucionais e os conhecimentos indígenas na gestão dos recursos. Isto pode conduzir a uma forma de cogestão, uma partilha de responsabilidade e autoridade em vários graus para a gestão dos recursos entre o governo e os utilizadores locais dos recursos, ou seja, a comunidade local.

As actividades diárias dos homens envolvem trabalho intensivo para a geração de rendimentos para a família, enquanto as actividades das mulheres são orientadas para a família **(Figura 24).** A maioria dos homens trabalha na pesca, nos campos agrícolas, nas salinas e nas fazendas de camarão como mão de obra diurna. Também se dedicam ao corte de madeira, ao cuidado do gado e ao comércio no mercado local. Na área de estudo, a pesca é dominante e a maioria dos membros do agregado familiar trabalha como mão de obra nos barcos. Algumas pessoas apanham peixe na ESBN e têm de ir à rede 3-4 vezes num intervalo de 6-8 horas. Muitos pescadores apanham peixe na primeira noite e na última metade da noite para consumo próprio e também como fonte de rendimento. Vendem o peixe de manhã cedo. À noite, vêem televisão e trocam notícias, jantam na primeira noite e, assim, dormem e acordam de manhã cedo.

A procura de mão de obra contratada em barcos em viagens ao mar para pescar cria oportunidades de emprego para as comunidades piscatórias pobres. Os trabalhadores altamente desorganizados estão muitas vezes à mercê dos emprestadores de dinheiro dos donos dos barcos e o montante contratado varia muito, dependendo do nível de especialização do trabalhador contratado, da sua capacidade de negociação, da época das viagens, etc. No período de escassez, quando a estação das chuvas já chegou e o mar está agitado, são muito comuns as viagens curtas, com duração de um dia. Durante o período de ponta, após a estação das chuvas, são frequentes as viagens de maior duração (semanas). As viagens do dia a dia são procuradas tanto na época alta como na época baixa. A maior parte das viagens são quotidianas. Durante a pesca, os pescadores estão ocupados durante todo o dia com os seus trabalhos e alguns deles estão a reparar as suas redes. Por outro lado, um salineiro/produtor de camarão/agricultor tem a oportunidade de descansar durante o trabalho e também de ter tempo de lazer durante a noite. A recolha de alevins selvagens é outra das principais actividades geradoras de rendimento ao longo da costa de Pekua.

As mulheres não participam diretamente em actividades geradoras de rendimentos. Em geral, cuidam das suas famílias. O seu trabalho limita-se a cuidar das crianças, recolher água, cozinhar, criar galinhas e patos, jardinagem doméstica, coser panos, fazer artesanato e empresas ocasionais para aumentar o rendimento familiar. Infelizmente, todos estes esforços não são reconhecidos e não são pagos. Na costa de Pekua, a maioria dos inquiridos era muçulmana e rezava cinco vezes por dia. Estas orações são feitas ao amanhecer, ao meio-dia, a meio da tarde, depois do pôr do sol e à noite.

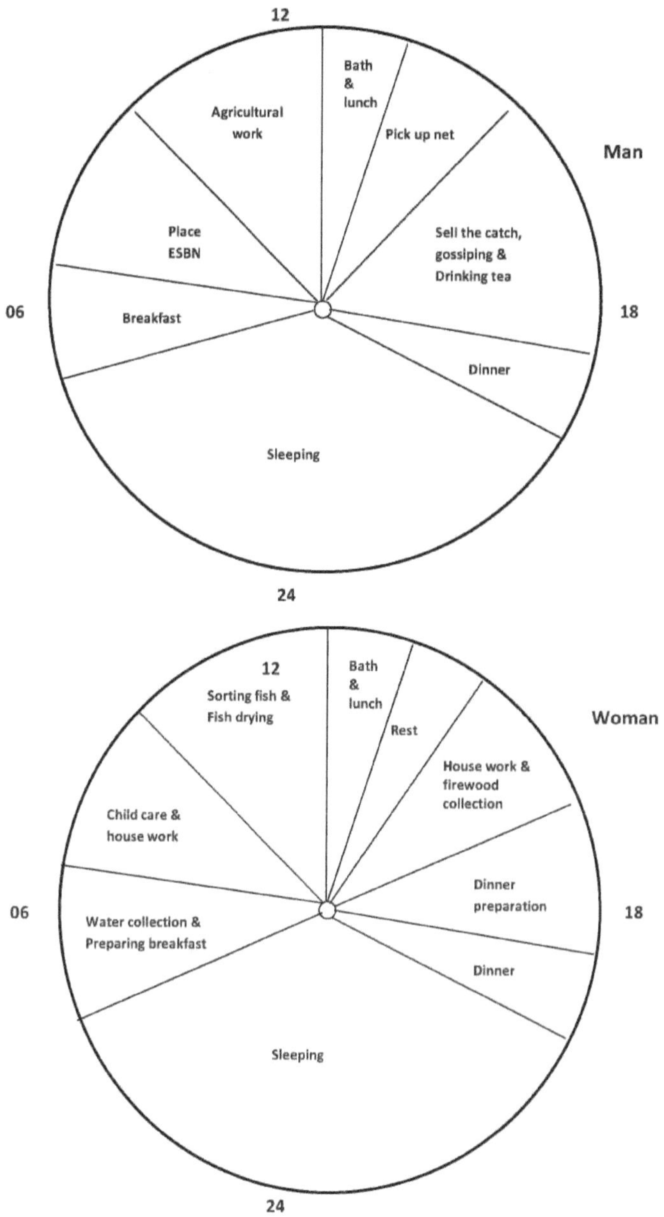

Figura 25. Gráfico da atividade diária do Sr. Mahmudul Karim e da Sra. Karim na aldeia de Magnama

5.3.5.13 Mobilidade

As comunidades locais da área de estudo dedicam-se principalmente à pesca. A barraca de chá e o chapéu local (também conhecido como Bazar) são parte integrante da sua vida para coscuvilhar, encontrar-se com amigos e familiares, vender os seus produtos cultivados, comprar as necessidades domésticas, etc. Quase toda a aldeia tem mesquita, mas a escola primária não fica perto das casas. A percentagem de pessoas que enviam os seus filhos para a escola primária diminui no ensino secundário e os estudantes universitários são raros. Os aldeões trabalham nos campos de cultivo. A maioria dos muçulmanos vai à mesquita para rezar. Raramente vão aos correios e, ocasionalmente, vão ao escritório da União. Em caso de doença, vão ao médico ou ao centro de saúde mais próximo. Muito poucas pessoas estão envolvidas em actividades de ONG (principalmente microcrédito) porque têm uma experiência muito má com as ONG. Um número significativo de pessoas está envolvido em actividades comerciais, como secagem de peixe, venda de peixe, transporte de peixe, etc. Os prestadores de serviços são muito raros na área de estudo. Assim, a mobilidade dos aldeões é para os campos agrícolas, o bazar local, o escritório da ONG, a casa de parentes, os correios, a mesquita, o médico da aldeia, etc., como se pode ver na **Figura 25.**

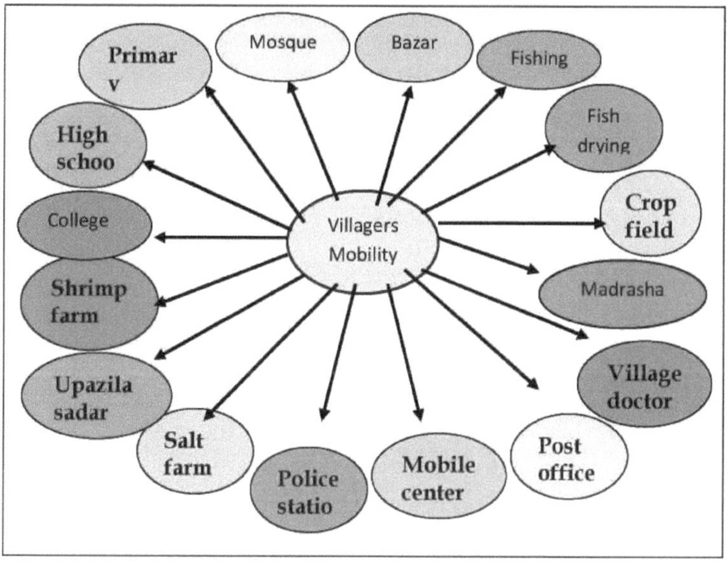

Figure 26. Villagers mobility at Pekua

5.3.6 Principais riscos

A costa do Bangladesh é conhecida como uma zona de vulnerabilidades múltiplas. Em Pekua, são muitos os factores responsáveis por estes acontecimentos, tais como o esgotamento dos recursos naturais de que a população vive, as catástrofes naturais, as oportunidades de emprego sazonais, a incidência sazonal de doenças, as caraterísticas das pessoas, as condições gerais em que vivem, o acesso que têm aos recursos locais e a sua capacidade de prevenir, preparar ou responder a um determinado choque, etc.

Os principais factores de risco podem ser categorizados em factores humanos (morte súbita do principal responsável pelo rendimento, despesas médicas devido a doença e perda de colheitas) e catástrofes naturais (ciclones, marés vivas, inundações e erosão). O conflito na utilização dos recursos naturais, a baixa produção de aquacultura e de produtos agrícolas são também um dos principais problemas da comunidade para a sua subsistência (Figura 26). Outros riscos dependem das actividades de subsistência da comunidade costeira (Tabela 27). Na época alta, ou seja, na altura da pesca ou da colheita, os pobres das zonas rurais ficam bem, pois têm rendimentos e oportunidades de emprego. No entanto, na estação baixa, quando a atividade agrícola é reduzida, as populações rurais pobres enfrentam um grave défice alimentar por não terem qualquer fonte de rendimento. Tradicionalmente, há duas grandes épocas de escassez, uma de setembro a princípios de novembro e a outra de finais de março a princípios de maio.

Quadro 27 - Análise da vulnerabilidade dos principais grupos de subsistência

Contexto de vulnerabilidade	Grupo de meios de subsistência	Efeito dos activos	Impacto na escolha e no rendimento
Ciclone	**Todos**	-Danos em árvores, culturas, casas -Morte de gado, aves de capoeira -Morte/ferimento de um membro da família -Danos em equipamento de pesca -Danos em *anzóis* de camarão -Perda de peixe	-Perda de rendimentos -Venda de activos -Dívida -Mudança de profissão
Inundação	SF, AL	-Danos na casa, nos utensílios domésticos, nas árvores, nos peixes -Crise da água -Saneamento -Perda de negócios -Doença	-Perda de rendimentos -Dívida -Utilização de poupanças -Venda de activos
Salinidade		-Doença de pele	-Perda de rendimentos
	F	-Falta de saúde	
	AL	-Aves de capoeira, doenças do gado, crise da água	
Chuvas fortes/ Tempestade	Todos	-Danos na casa -Perturbação do trabalho doméstico	-Perda de rendimentos -Dívida
	SF	-Danos nas culturas	-Stress mental
	F	-Captura irregular	-Desemprego
	AL	-Nenhum trabalho	-Perda de rendimentos
Erosão dos solos	SF, F	-Perda de terrenos	-Perda de rendimentos -Turno de trabalho -Migração
Infestação de pragas	SF	-Redução da produtividade	-Perda de rendimentos
Diminuição dos recursos haliêuticos	F, AL	-Menos captura -Perda de negócios	-Perda de rendimentos

SF = Pequeno Agricultor, F = Pescador, AL = Trabalhador Agrícola, Todos = Todas as três categorias

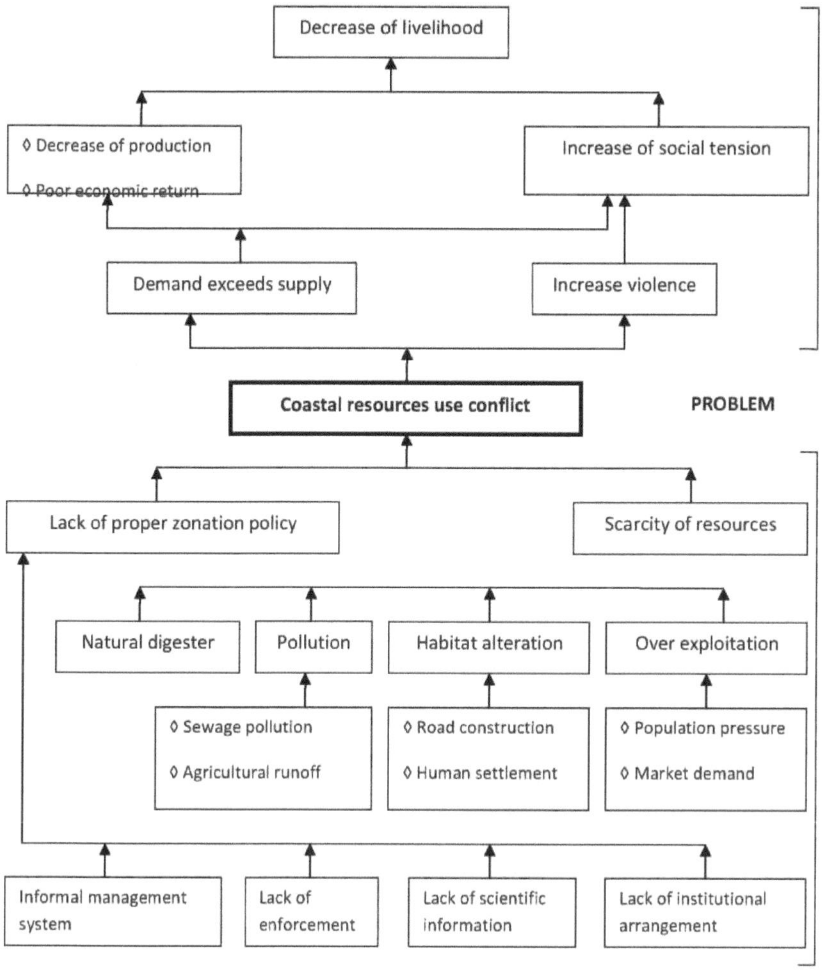

Figura 27. Análise da árvore de problemas para os conflitos de utilização dos recursos costeiros em Pekua (modificado de Hossain, 2001).

5.3.7 Estratégias de sobrevivência e de sobrevivência

As famílias costeiras adoptam actividades e estratégias multidimensionais para fazer face às crises e vulnerabilidades. A escolha de uma determinada estratégia depende da sua disponibilidade e do acesso dos agregados familiares a essa estratégia. Durante as marés vivas, os aldeões abrigam-se no centro de ciclones mais próximo. A principal estratégia de sobrevivência das famílias pobres é pedir emprestado a diferentes fontes (vizinhos, pessoas ricas locais, ONG, etc.), vender as suas terras e outros bens. Por vezes, a comunidade pede dinheiro emprestado aos prestamistas. Observou-se que, para além do *dadon* (empréstimo para fontes de rendimento específicas), havia empréstimos para os apanhadores de caranguejos e de alevins selvagens durante todo o ano. Os outros empréstimos eram oferecidos por um curto período de tempo. Normalmente, uma estação de arroz (4-6 meses) é o período mais longo para este tipo de empréstimo. As condições de empréstimo variam de área para área **(Tabela 28).** Foram observados principalmente dois tipos de empréstimos, i.e., dinheiro a dinheiro e dinheiro a géneros. A taxa de juro foi considerada mais elevada para os empréstimos de dinheiro a géneros. Apesar das taxas de juro mais elevadas, os aldeões aceitam socialmente este tipo de empréstimos, uma vez que não têm acesso a instituições formais e os empréstimos estão disponíveis durante todo o ano.

Quadro 28. Juros e outras condições do empréstimo informal de dinheiro

União	**Padrão de**	**Observações**	
	Padrão de **negociação**	**Taxa de (%)**	**interesse**
Rajakhali	1. Caixa para caixa 2. Dinheiro em espécie	**60-70** **100-120**	1. O ouro dado como garantia é cerca de duas vezes superior ao valor do empréstimo
Magnama	1. De caixa para caixa 2. Dinheiro em espécie	**70-100** **120**	dinheiro. **2. Basicamente, o período de reembolso é de seis meses.**
Uzantia	1. De caixa para caixa	**70-90**	**em função da época do arroz e do peixe.**

5.3.18 Quadro de gestão para a utilização sustentável dos recursos

A zona costeira de Pekua tem sofrido de um grande número de problemas relacionados com a gestão que produziram fracos rendimentos económicos e danos ambientais consideráveis. A criação de camarão costeiro, a destruição dos mangais e a erosão dos aterros são exemplos de actividades que poderiam ter sido evitadas se tivessem sido seguidas boas práticas de gestão.

O desenvolvimento e a adoção de práticas sustentáveis exigirão a cooperação do governo, dos investidores e dos agricultores, juntamente com a identificação das áreas prioritárias de investigação necessárias. Para identificar as áreas prioritárias de investigação, as partes interessadas devem chegar a acordo sobre os factores envolvidos na sustentabilidade. Para os produtores, investidores e agências governamentais preocupados com a expansão financeira e as receitas de exportação, a sustentabilidade da cultura do camarão centra-se na manutenção da produção e dos rendimentos. Para aqueles que se preocupam principalmente com a conservação ambiental, o cultivo sustentável de camarão refere-se à produção de camarão que tem efeitos negativos mínimos sobre o meio ambiente e pode ser mantida em um nível que não causa degradação ambiental progressiva (Hossain et al., 2004).

No quadro da utilização sustentável dos recursos naturais, foram apresentadas diferentes questões de gestão, juntamente com a sua abordagem de gestão e requisitos integrados. Entre os recursos naturais, a terra, os cursos de água, os mangais, a aquicultura, a agricultura, a produção de sal e a pesca indígena são os principais recursos para desenvolver a gestão sustentável dos recursos.

A qualidade do solo e da água, a disponibilidade de alevins, as facilidades de comunicação, o canal de comercialização, o preço de mercado, os parâmetros meteorológicos e a maré são as oportunidades para desenvolver a aquicultura sustentável.

A valorização correta do sal, a melhoria técnica da salicultura, os incentivos e o desenvolvimento de canais de comercialização podem aumentar a produção de sal.

O licenciamento, a especificação das artes, a atribuição de áreas, a limitação dos dias de pesca e o código de conduta são os factores responsáveis pela gestão das pescas.

A educação, o desenvolvimento de infra-estruturas, o reforço das capacidades, a minimização das vulnerabilidades, o desenvolvimento de estratégias de sobrevivência e a geração alternada de rendimentos são a principal questão para a segurança dos meios de subsistência da comunidade local.

Deve ser adoptada uma abordagem de gestão para as diferentes questões - zonagem da utilização dos terrenos, participação da comunidade, desenvolvimento de infra-estruturas, código de conduta, etc.

É evidente que, embora Pekua disponha de recursos naturais diversificados, não consegue tirar deles o benefício efetivo. Para isso, é necessário integrar as diferentes partes interessadas, sectores e níveis de administração, disciplinas, juntamente com os recursos disponíveis, abordagens de investigação e instrumentos de investigação para a utilização sustentável dos recursos. Os profissionais, os líderes comunitários e os decisores governamentais devem dar ênfase ao desenvolvimento de opções alternativas de subsistência, como a aquicultura de base comunitária, nas zonas adequadas. Ao mesmo tempo, deve ser dada importância à participação da comunidade numa abordagem ascendente para desenvolver a utilização potencial dos recursos. A população comunitária desta área precisa de ser capacitada económica, pessoal, educacional e politicamente para garantir a sua participação no planeamento do futuro. No entanto, alguns processos de gestão de recursos naturais baseados na comunidade foram resumidos abaixo (Figura 28).

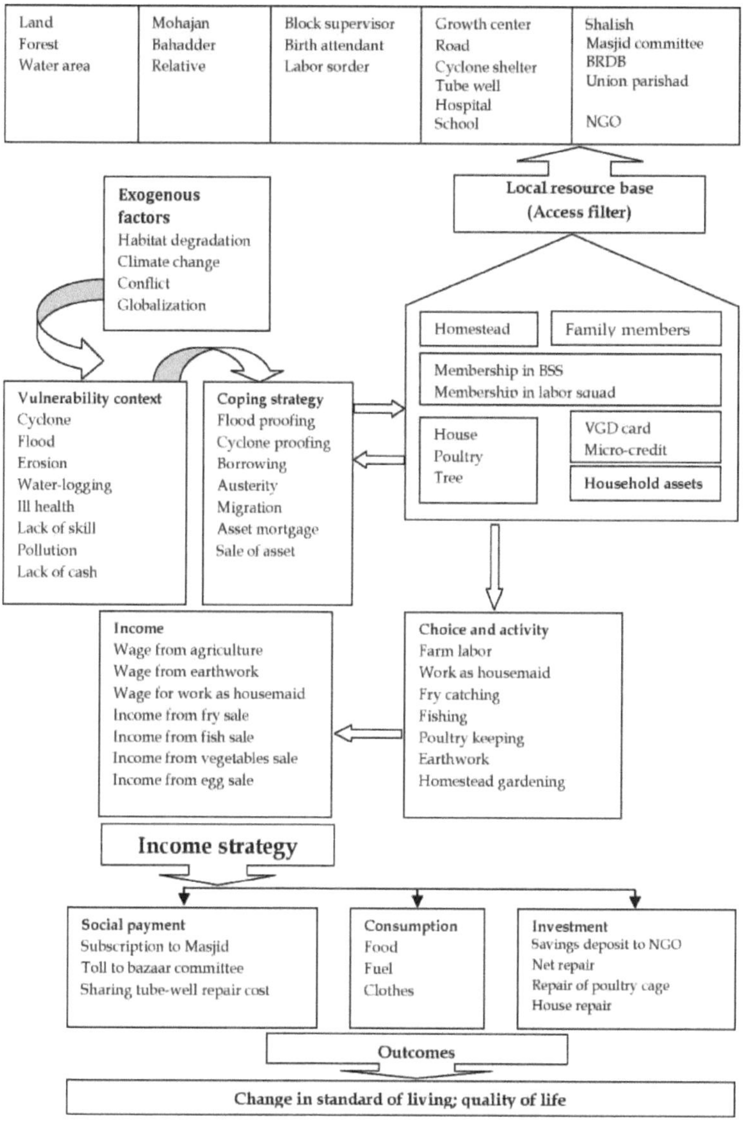

Figura28: Modelo de meios de subsistência para a comunidade costeira pobre de Pekua (modificado de PDO-ICZMP, 2004)

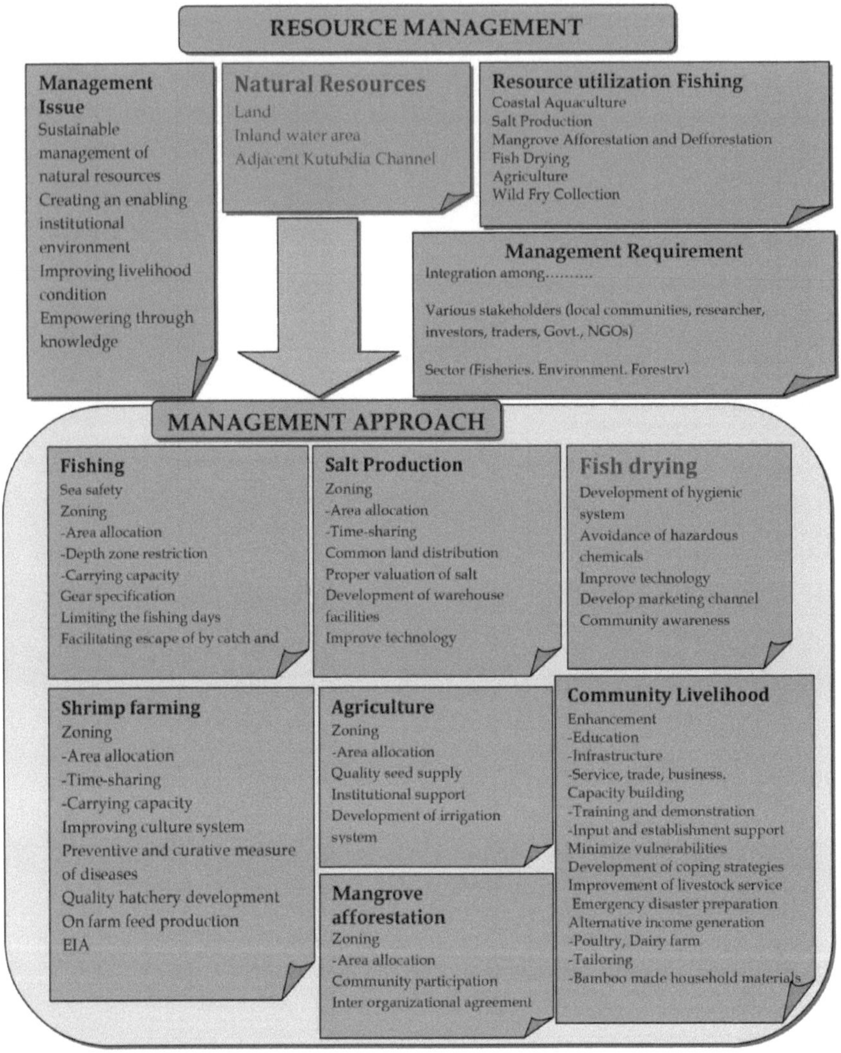

Figura 29. Quadro de gestão dos recursos naturais.

Capítulo VI. Recomendações

A natureza adornou-nos com vários recursos. Estes recursos estão espalhados à nossa volta. Mas a utilização óptima destes recursos só é possível através da aplicação da integração de todos os recursos de uma forma sustentável.

A zona costeira de Pekua continua a ser uma das zonas não orientadas, onde a utilização dos recursos naturais é mínima. Este trabalho de investigação fornecerá informações de base aos decisores políticos, investidores e pessoas interessadas para que tomem a iniciativa de otimizar a utilização dos recursos naturais.

A este respeito, o autor gostaria de recomendar as seguintes medidas para aplicação imediata:

6.1 Recomendações para o desenvolvimento sustentável da aquicultura

1. As infra-estruturas de desenvolvimento relacionadas com a cultura do camarão, por exemplo, comportas, bueiros, redes rodoviárias, eletricidade, etc., devem ser fornecidas prioritariamente.

2. A cultura científica do camarão nos viveiros tradicionais deve ser iniciada o mais cedo possível.

3. A atividade do "Comité de Gestão do Camarão" é essencial para a atribuição das terras de cultivo de camarão aos actuais criadores de camarão.

4. Devem ser reforçadas as actividades da "*National Chingri Cell*" a nível da upazilla.

5. Deverá ser recrutado em breve um perito em camarão com formação adequada e relevante.

6. Deveria ser efectuado imediatamente um estudo de viabilidade sobre a possibilidade de outras espécies de cultura, como o caranguejo da lama, os

moluscos e as algas marinhas.

6.2 Recomendações para o desenvolvimento da salicultura

1. Introdução do *sistema de* produção de sal "*Polythene System*" nas salinas em vez do sistema tradicional.

2. Devem ser criadas fábricas de transformação de sal nos respectivos sindicatos.

3. Facilidade de crédito atempada e de montante considerável para os produtores de sal.

6.3 Recomendações para a florestação dos mangais

1. O Departamento das Florestas Costeiras (CFD) demarcará claramente a zona de mangais, que é o pré-requisito para o desenvolvimento futuro da zona costeira.

2. Para proteger a floresta de piratas, cortadores de lenha, animais domésticos como gado, búfalos, deve ser introduzido pessoal adequado com arma licenciada.

3. "A florestação comunitária de mangais nas zonas costeiras não só protegerá a faixa costeira dos ciclones, das marés vivas e dos tsunamis, como também beneficiará economicamente as comunidades costeiras.

6.4 Recomendações para os recursos da pesca costeira

1. A Lei das Pescas do Bangladesh, de 2000, deve ser aplicada com êxito para proteger a perda colossal de biodiversidade ao longo da costa de Pekua.

2. O estabelecimento de centros de desembarque de peixe em Magnama e Rajakhali é necessário para a melhor comercialização dos peixes marinhos comerciais.

3. Deve ser imediatamente efectuado um estudo pormenorizado sobre a

composição das capturas e a avaliação das unidades populacionais de peixes do canal de Kutubdia.

6.5 Recomendações para meios de subsistência sustentáveis

1. Devem ser avaliadas opções alternativas de subsistência para os colectores de alevins de camarão selvagem, como a cultura de caranguejos da lama, a amamentação de PL em gaiolas, a secagem de peixe, etc.

2. A comunidade ribeirinha deve ser reabilitada.

3. O governo, as ONG ou os doadores da comunidade para o desenvolvimento de capacidades e o autoemprego devem fornecer crédito.

4. Os diferentes programas de extensão devem ser divulgados periodicamente entre as comunidades.

5. Serão realizados vários projectos a longo prazo para aumentar a taxa de alfabetização, diminuir a subnutrição e utilizar água potável pura e sistemas de saneamento.

6.6 Recomendações para o nível de ação governamental

1. O Departamento de Terras deve avançar para uma gestão adequada das terras de khas e para reduzir o grave "*conflito de utilização das terras*" nesta região.

2. O BSCIC pode tomar iniciativas adequadas para alargar o "*Sistema de Polietileno*"

3. Produção de sal para aumentar a taxa de produção de sal por hectare.

4. Dado que Pekua é uma zona propensa a ciclones, é necessário criar um subcentro meteorológico nesta região para prever as condições meteorológicas e proteger os produtores de sal, bem como os pescadores e outros.

5. O DoF deve controlar periodicamente a correta aplicação da Lei das Pescas

do Bangladesh de 2000.

6. Criação de armazéns frigoríficos para armazenar produtos agrícolas ou hortícolas sazonais, por exemplo, batatas, arroz e outros produtos hortícolas e frutas sazonais.

7. Estabelecimento de um canal de marketing e distribuição adequado nesta região para promover os produtos comercializáveis.

8. Em suma, recomenda-se o desenvolvimento de um quadro e de um órgão de trabalho de Gestão Integrada da Zona Costeira (GIZC), desde o nível nacional até ao nível da upazilla. Apenas as partes interessadas primárias (habitantes locais e agências e departamentos governamentais mais afectados) devem ser envolvidos na política, planeamento e execução da utilização dos recursos costeiros, seguindo uma abordagem de cima para baixo e de baixo para cima. O resultado esperado será a política e o plano de gestão integrada dos recursos costeiros que assegurará a utilização sustentável dos recursos costeiros dos quais dependem os "*mais pobres dos pobres*".

Capítulo VII. Conclusão

A zona costeira de Pekua é uma área potencialmente importante no que respeita aos recursos naturais. Estes recursos são utilizados de várias formas, mas o padrão de utilização ainda não é sustentável. No entanto, os resultados da presente investigação revelaram as seguintes conclusões.

9. A zona costeira de Pekua é uma área naturalmente rica em recursos.

10. O padrão de utilização não planeada dos recursos naturais continua a ser praticado nesta zona costeira.

11. A abordagem de zonamento de vários recursos pode fornecer informações importantes para potenciais promotores.

12. Uma vez que o trabalho de investigação é o primeiro a ser aplicado nesta zona costeira, o futuro investigador obterá informações de base a partir deste trabalho.

Capítulo VIII. Referência

BAD, 1985. Segundo projeto de aquacultura do Bangladesh. Relatório elaborado por Aquatic Farm Ltd para o Banco Asiático de Desenvolvimento.

Ahmed, S., 2002. Upakulia samuddrik mothsha babosthapona jordarkaron prokolper kajjokromer churanta protibedon (Bengali). Marine Wing, DoF.

Alam, M.S., 1990. Distribuição temporal e espacial do Ictioplâncton no Canal de Kutubdia. Tese de Mestrado IMS, Universidade de Chittagong. pp 1-80.

Ali, A., 1999. Climate Change Impacts and Adaptation Assessment in Bangladesh (Avaliação dos Impactos e da Adaptação às Alterações Climáticas no Bangladesh). Climate Research, Vol. 12, pp 109-116.

ARDMCS, 2002. Estudo de avaliação do impacto da recolha de pós-larvas de camarão selvagem. Projeto GEF/Banco Mundial, Estudos de Desenvolvimento, Gestão e Conservação de Recursos Aquáticos do FFP, DoF, Governo da República do Bangladesh, em colaboração com BFRI, IMSCU. 73pp.

Aronoff, S. 1989. Sistema de Informação Geográfica: Uma perspetiva de gestão. Ottawa Canadá. 294p

Bashirullah, A. K. M., Mahmood, N. & Matin, A. K.M.A., 1989. Aquiculture and coastal zone management in Bangladesh, Coastal Management 17{2): 119 pp.

BBS, 1993. 1992 Statistical Year Book of Bangladesh. Gabinete de Estatística do Bangladesh, Dhaka. março de 1993.

BBS, 1998. Recenseamento da População 1991, Volume 4, Relatório Socioeconómico e Demográfico. Dhaka.

BBS, 2002. Statistical Pocket Book of Bangladesh 2001. Bangladesh Bureau of Statistics, Dhaka, dezembro de 2002.

BBS, 2002b. Relatório do Inquérito de Monitorização da Pobreza de maio de 1999. Dhaka.

Berkes, F., Mohan, R., McConny, Pollnac, R. e Pomeroy, R., 2001. Managing small-scale fisheries alternative diretions and methods. Centro Internacional de Investigação para o Desenvolvimento, Ottawa, Canadá. Pp 308

BOBP, 1990. Colectores de sementes de camarão do Bangladesh. BOBP/WP/63. 37 pp.

Brocklesby, M e Fisher, E., 2003. Community development in sustainable livelihoods approaches: an introduction (Desenvolvimento comunitário em abordagens de meios de subsistência sustentáveis: uma introdução). *Community Development Journal*. 38 (3), pp 185-198

Bryant, D., Rodenburg, E., Cox, T. e Nielsen, D., 1995. Coastlines at risk: an index of potential development related threats to coastal ecosystems. World Resource Institute. www.wri.org

Burrough, P.A., 1986. Principales of geographic information system for land resources assessment. Clarendon press, Oxford, Reino Unido. 194pp.

Carney, D., 1999. *Sustainable Livelihood Approaches Compared*. DFID: Londres

Chaffey, D.R., F-Miller e J.H. Sandon, 1985. A Forest Inventory of Sundarbans, Bangladesh. Relatório principal, ODA Land Resources Development Centre, Surrey, Inglaterra. 196 pp.

Chambers, R. e R. Conway, 1992. ᶻSustainable Rural Livelihoods: Practical concept for the 21st century', IDS Discussion paper, No. 269

Chen, H.C., 1985. Critérios de qualidade da água para a criação do camarão-da-praia, P. monodon. In: Taki, Y., primavera, J.H. e Lloobera, Proceding of the First International Conference on the culture of Penaeid prawns/shrimps. Departamento de Aquacultura SEAFDEC, Iloilo, Filipinas, 165p.

Chowdhury, A.Q., 1986. Bangladesh: Revisão do Progresso nas Actividades Aquícolas desde 1984. Documento apresentado na FAO/IPFC

Workshop sobre estratégias para a gestão das pescas e da aquicultura nos ecossistemas de mangais, Banguecoque, Tailândia, 23-25 de junho de 1986.

Chua. T. E., 1992. Essential eliments of Integrated Coastal Zone Management (Elementos essenciais da gestão integrada da zona costeira). Ocean and Management, 21 (1-3), pp 81-108.

Das, S.K., 2005. Gestão dos recursos costeiros para meios de subsistência sustentáveis de Banshkhali. Remote sensing, Geographic Information Systam and Participatory Rural Approach, M. Sc. Thesis, Institute of Marine Sciences, University of Chittagong. 111pp.

DFID (1999) *Sustainable Livelihood Guidance Sheets*. DFID: Londres

Ellis, F., 2000. *Rural Livelihoods and Diversity in Developing Countries (Meios de subsistência rurais e diversidade nos países em desenvolvimento)*. Oxford University Press: Oxford

ESCAP, 1988. Plano de Gestão Ambiental Costeira para o Bangladesh. Vol. 2: Relatório final. Comissão Económica e Social para a Ásia e o Pacífico, Bangkok, Tailândia.

FAO, 1985. Report on Tidal Area Study of Bangladesh. Fish. Res. Survey Syst. FAO/UNDP. BGD/79/015.

FAO, 1986. Guide for training in the formulation of agriculture and rural investment project, Vol: 3 and 4 (Roma: FAO)

FAO-GESAMP, 2000. Planning and management for sustainable coastal aquacultur development. Relatório do Grupo de Trabalho do GESAMP sobre os Impactos Ambientais da Aquicultura Costeira (Grupo de Trabalho, 31): 62-65pp.

Fezzardi, D., 2001. Community Participation in coastal Resource Management; Lessons learned from a case study of Songkhala Lake, Southern Thailand. Tese de Mestrado, Instituto Asiático de Tecnologia, Bankok, Tailândia.

Fishsher, M.M. e Nijkamp, P., 1993. (EDS) Conceção e utilização de Sistemas de Informação Geográfica e modelos espaciais. Geographic Information System. Spatial modeling and policy evaluation. Springer-Vertag, Nova Iorque.

Gallardo,W.G., Encena II, V.C. e Bayona, N.C., 1995. Rapid Rural Appraisal and participatory research in the Philippines. Jornal de Desenvolvimento Comunitário. Vol.30 (3):265-275.

Gray, W.M., 1968. Revisão global da região de origem das perturbações e tempestades tropicais. Monthly Weather Review; 96:669-700.

GTZ, 2002. Avaliação Rural Rápida Participativa Mãos à Obra! Um manual para trabalhar com jovens em SRH. GTZ, 2002: 37 convenções sobre os direitos da criança, Artigo 12 (www.gtz.de/srh/download).

Hoq, M. E., M.A. Mazid, e G.C. Halder, 1995. Socio-economic impact and constraints of shrimp culture in Bangladesh (Impacto socioeconómico e limitações da cultura do camarão no Bangladesh). Relatórios técnicos FRI 11. Fisheries Research Institute, Mymensingh, Bangladesh, 46 pp.

Hossain, M. S., 2001. Biological aspects of the coastal and marine environment of Bangladesh (Aspectos biológicos do ambiente costeiro e marinho do Bangladesh). Journal of Ocean and Coastal Management. Vol.44 No. 3-4, 261-282

Hossain, M. S. e C. K. Lin, 2001. Land use zoning for integrated coastal zone management: Remote sensing, GIS and PRA approach in Cox's Bazar Coast, Bangladesh. ICZM Publication Series No.3.

Hossain, M. S., C. K. Lin, M. Tokunaga, H. Demaine e Z. Hossain, 2001. Integrated GIS and remote sensing approaches for suitable shrimp farming area selection in the coastal zone of Bangladesh. Asian- Pacific Remote Sensing and GIS Journal, Volume 14, pp 33-39.

Hossain, M. S., C. K. Lin, M. Tokunaga, H. Demaine e Z. Hossain, 2003. Zoneamento da utilização das terras para a produção de sal na costa de Cox's Bazar de

Bangladesh: A remote sensing and GIS analysis. Asian Journal of Geoinformatics, Vol.3, No. 4 pp69-77

Hossain, M. S., S. M. N. Alam, C. K. Lin, H. Damaine, Y. S. A. Khan, N. G. Das e A. A. Rouf, 2004. Integrated Management approach for shrimp culture development in the coastal envirinmnt of Bangladesh. Journal of World Aquaculture, Volume 35 (1), pp 35-43 e 66-67.

Hossain, R., 1989. Occurance and distribution of zooplankton communities with reference to hydrological parameters, M. Sc. thesis IMS, University of Chittagong. pp 1-54

ICZM, 2001. Coastal Zone Management : An Analysis of Different Policy Documents, PDO-ICZM Discussion Paper No. 1, Ministério dos Recursos Hídricos, Dhaka, Bangladesh.

IIRR. 1998. Participatory Method in Community-based coastal resource management 3 Vols. Instituto Internacional de Reconstrução Rural, Silang, Cavrte, Filipinas Karen Vidler, Ingrid Gevers e Marie Grace Madamba-Nuner 1998: um capítulo de Participatory Method in Community-based coastal resource management.

Ira Gregory C., 1998. Participação e métodos participativos. ICLARM, Filipinas.

Jones, G., 2000. 'Is there a need for participative democracy?1 , Local Government Studies, 4, pp1-10.

Kapila S, Lyon F (2000) *Expedition field techniques: people oriented research* Royal Geographical Society (com o Institute of British Geographers) Expedition Advisory Centre, Londres.

Karim, A. e Khan, M.A.A. 1980. Phytosociological studies of mangrove forest of Chakaria Sundarbans. Bano Biggyan Patrika 9(1 & 2): 17-28.

Karl, M., 2000. Acompanhamento e avaliação da participação em projectos agrícolas e de desenvolvimento rural: A literature review URL: *http/1* www.fao.org

Kausher, A., Kay RC, Asaduzzaman, M. e Paul, S., 1996. Climate change and sea level rise: the case of the Bangladesh coat. In The implementations of climate change and sea-level change for Bangladesh (eds. R.A. Warrick e Q.K. Ahmed), Kluwer Academic, Dordrecht, 1996, (335-396pp.).

Kevin, J.O., Neil e A.D Little, 1984. A report by fare investigated promotion unit and the development of potential export product lines. Unidade de programas de reforma da política comercial e industrial, Governo do Bangladesh.

Khan, Y.S.A. e M.S. Hossain, 1996. Impact of shrimp culture on the coastal environment of Bangladesh (Impacto da cultura do camarão no ambiente costeiro do Bangladesh). Jornal Internacional de Ecologia e Ciências Ambientais, Volume 22, pp

Lakshmi, A. e Rajagopalan, R., 2000. Implementações socioeconómicas da degradação da zona costeira e sua atenuação: um estudo de caso de aldeias costeiras na Índia. Ocean and Coastal Management 43: 749-762.

Leeruksakiat, P., 1993. Aplicação da técnica GIS para o desenvolvimento de explorações de camarão e de florestas de mangais na província de Chanthabury, Tailândia. Tese de Mestrado Escola de Ambiente, Recursos e Desenvolvimento, Instituto Asiático de Tecnologia, Bankok, Tailândia. 38-49pp.

Lillesand, T. e Kiefer, Ralph W., 1987. Remote Sensing and image interpretation. República de Singapura. 721pp.

Loubersac, L., 1985. Estudo das zonas entre-marés utilizando dados SPOT simulados: inventário dos sítios de aquacultura na zona intertropical. In: Relatório sobre as aplicações da teledeteção à aquacultura e à pesca interior. FAO (Organização das Nações Unidas para a Alimentação e a Agricultura) Remote Sensing Center Series, 27. 261-272pp.

Mahmood, N., 1986. Effects of shrimp farming and other impacts on mangroves of Bangladesh (Efeitos da criação de camarões e outros impactos nos mangais do Bangladesh). Documento apresentado na terceira sessão de Seminário do Conselho das Pescas do Indo-Pacífico (IPFC) sobre peixes de águas interiores e mangais. Bankok, Tailândia, 22-25 de junho, 1986. 20pp.

Mahmood, N., 1990. An assessment of the quantum of damage caused to zooplankton while fishing bagda shrimp fry in Bangladesh estuaries. Bangladesh Journal of Zoology.

Mahmood, N., M. J. U. Chowdhury, M. M. Hossain, S. M. Haider e S. R. Chowdhury, 1994. An environmental assessment of the Bay of Bengal region, Bangladesh part. SWEDMAR. BOBP/REP/ 67. pp 71-119.

Mahtab, F.U. 1989. Effect of climate change and sea-level rise on Bangladesh (Efeito das alterações climáticas e da subida do nível do mar no Bangladesh). Report to Expert Group on Climate Change and Sealevel Rise. Secretariado da Commonwealth, Londres.

Manner, M.G.V., 1982. Diretrizes para o estabelecimento de instalações de sal solar a partir de água do mar, salmouras subterrâneas e lagos salgados. Organização das Nações Unidas para o Desenvolvimento Industrial, Programa de Tecnologia da UNIDO, 149pp.

Manner, V. e Dunn, J.T., 1995. Métodos e práticas de produção de sal. Salt iodization for the elimination of iodine deficiency (iodização do sal para a eliminação da deficiência de iodo). Conselho Internacional para o Controlo dos Distúrbios por Deficiência de Iodo

McCracken, J.A., Pretty, J.N. e Conway, G.R. 1988. An Introduction to Rapid Rural Appraisal for Agricultural Development, Sustainable Agriculture Programme, IIED, Londres.

MdP, 1998. O quinto plano quinquenal 1997-2002. Comissão de Planeamento, Ministério do Planeamento. Governo do Bangladesh. Dhaka, março de 1998.

Moser, C., 1998. The asset-vulnerability framework: reassessing urban poverty reduction strategies. *World Development*. 26 (1), pp 1-19

Moser, C e Norton, N (2001) *To Claim our Rights: Livelihood Security, Human Rights and Sustainable Development*. Overseas Development Institute (ODI): Londres

Newkirk, G. F., 1998. Comunidade costeira vivendo com complexidade e crise em busca de controlo. In: IIRR. 1998. Método participativo na gestão dos recursos costeiros de base comunitária. 3 Vols. Instituto Internacional de Reconstrução Rural, Silang, Cavite, Filipinas.

Paul, S. C., M. G. Mustafa, Z. A. Chowdhury e M. G. Khan, 1993. Recolha de alevins de camarão. Estudos sobre a pesca marinha interactiva do Bangladesh. BOBP/WP/89. Madras, Índia. Pp 2-17.

Oakley, P., 1991. 'Projects with People: the practice of participation in rural development', Organização Internacional do Trabalho (OIT), Genebra. ISBN 922 107 2827

Ostrom, E. 1990. Governing the commons: the evolution of institutions for collective action. Cambridge University Press, Cambridge, Reino Unido.

Schlager, E.; Ostrom, E. 1992. Property-rights regimes and natural resources: a concetual analysis. Land Economics, 68(3), 249-262.

PDO-ICZMP, 2002. Actas do workshop nacional sobre o desenvolvimento de uma visão para a zona costeira do Bangladesh. Gabinete de Desenvolvimento de Programas para o Plano de Gestão Integrada da Zona Costeira; Organização de Planeamento de Recursos Hídricos; Ministério dos Recursos Hídricos, Bangladesh. Dhaka, janeiro de 2002.

PDO-ICZMP, 2003. Proposta de um quadro de indicadores para a gestão integrada da zona costeira. Gabinete de Desenvolvimento de Programas para o Projeto de Plano de Gestão Integrada da Zona Costeira; Documento de Trabalho WP016. Organização de Planeamento de Recursos Hídricos; Ministério dos Recursos Hídricos, Bangladesh. Dhaka, setembro de 2003.

DOP-ICZMP, 2003j. Delineação da zona costeira do Bangladesh. Gabinete de Desenvolvimento do Programa para a Zona Costeira Integrada

Projeto de Plano de Gestão: Documento de trabalho WP 005. Organização de Planeamento de Recursos Hídricos, Ministério dos Recursos Hídricos, Dhaka, Bangladesh

PDO-ICZMP, 2004. Living in the Coast - People and Livelihoods (Viver na Costa - Pessoas e Meios de Subsistência). Gabinete de Desenvolvimento do Programa, Plano de Gestão Integrada da Zona Costeira, WARPO, Ministério dos Recursos Hídricos. março de 2004. Dhaka.

DOP-ICZMP, 2004a. Where land meets the sea, a profile of the coastal zone of Bangladesh (Onde a terra encontra o mar, um perfil da zona costeira do Bangladesh). Imprensa universitária, Daca, Bangladesh, 517pp.

Pelto, P., e Pelto. G., 1978. Pesquisa Antropológica: The Structure of Inquiry. Cambridge: Cambridge University Press.

Pido, M. D. e Chua, T.E., 1992. A Framework for Rapid Appraisal of Coastal Environments (Um Quadro para a Avaliação Rápida de Ambientes Costeiros). Em Integrated Frameworks and Methods for Coastal Area Management, ed. Chua, T.E. e Scura, L. F., pp. Chua, T.E. e Scura, L. F., pp144-147. Actas da Conferência ICLARM no. 37, Manila.

Pido, M. D., Pomeroy R. S., Carlos, M. B e Garces, L. R., 1996. A handbook for rapid appraisal of fisheries management systems (versão 1). Manila, Filipinas; ICLARM.

Pido, M. D., 1995. The application of Rapid Rural Appraisal Techniques in Coastal Resources Planning: Experience in Malampaya Sound, Philippines. Ocean and Coastal Management 26(1), 57-72.

Pinkerton, E.; Weinstein, M. 1995. Fisheries that work: sustainability through community-based management. Fundação David Suzuki, Vancouver, Canadá.

Pomeroy, R. S., 1995. Revitalização do sistema de gestão de recursos baseado na comunidade no Sudeste Asiático através da cogestão. Documento do workshop, Centro Internacional para a Gestão de Recursos Aquáticos Vivos, Makati, Filipinas.

Populas, J. e D. Lantieri, 1991. Utilização de dados de satélite de alta resolução para a pesca costeira. RSC (Remote Sensing Center) Série No. 5.1-30pp.

Pramanik, M.H., 1983. Remote sensing applications to coastal morphological investigations in Bangladesh. Tese de doutoramento, Universidade de Jahangimagar, Savar. Dhaka.

Quader, M.O., 1986. Remote Sensing application to coastal shrimp culture in Bangladesh. In: Procedimentos do Seminário Regional sobre a Aplicação de Técnicas de Deteção Remota à Gestão da Zona Costeira e Monitorização Ambiental. Dhaka, Bangladesh, SPARRSO-UNDP/ESCAP (Programa das Nações Unidas para o Desenvolvimento/Comissão Económica e Social para a Ásia-Pacífico). 336345pp.

Rahman A.A, Mallick D.L., Haque N., e Nishat A., 2002. Trends in Natural Resource Management in Bangladesh: Looking for Integration and a New Institutional Framework, A workshop Paper of BCAS and DFID Bangladesh, Dhaka.

Rosenberry, R., 1994. A new record shrimp farming; Shrimp news international December 1994.

Saeenger, P., E. J. Hegcrl, e J.D.S Davie, 1983. Global status of mangrove ecosystem. Documento nº 3 da Comissão de Ecologia, IUCN.

Shahid, M. A., 1985. Dados de deteção remota: recursos pesqueiros e floresta de mangue da região costeira do Bangladesh. CNRS/Universite Paul Sabatier, Toulouse, França.

Shahid, M. A. e Pramanik, M. A. H., 1986. The application of remote sensing technique to study the relationship between the shrimp farm and the mangrove ecosystem of the Bangladesh coastal region. In: Actas do seminário regional sobre a aplicação de técnicas de deteção remota à gestão da zona costeira e à monitorização ambiental. Dhaka, Bangladesh, SPARRSO-UNDP/ESCAP. 108-119.

Shahid, M. A., Pramanik, M. A. H., Jabbar, M. A. e Ali, S., 1992. Remote sensing application to study the coastal shrimp farming area in Bangladesh, Geocarto International, 2:5-13

Shimuru, T., 1986. Um estudo de deteção remota de massas de água como recursos pesqueiros no Bangladesh. SPARRSO/UNDP/ESCAP, Dhaka, Bangladesh. 174-184

SPARRSO, 1986a. Report on the Pilot Project on Remote Sensing Application to Coastal Zone Dynamics in Bangladesh.

SPARRSO, 1986b. Projeto de relatório sobre a reflorestação dos mangais costeiros.

SPARRSO, 2003. Impact of Climate Change on Tropical Cyclones and Strom Surges in Bangladesh. Procedimentos do Seminário SAARC sobre Variabilidade Climática na Região da Ásia do Sul e seus impactos, 10-12 de dezembro de 2002, Dhaka-1207, Bangladesh, pp 130-136.

Scott, A (2001) *Technology and Technological Capabilities in the SL Approach.* Documento de discussão, agosto. ITDG: Rugby

Talukder, J. e Ahmed, M., (eds) 1992. The april disaster : Study on cyclone affected regions in Bangladesh, biblioteca de desenvolvimento comunitário, Dhaka.

Townsley, P., 1996. Rapid Rural Appraisal, Participatory Rural Appraisal and Aquacurture. FAO Fisheries Technical paper No. 358. Roma. Itália, pp 109.

PNUD, 2000. Documento concetual sobre o estabelecimento do "Projeto de Gestão da Biodiversidade das Terras Costeiras e Húmidas em Cox's Bazar e Hakaluki Hoar". BGD/99/G31/A/IG/99,146 pp

PNUA, 1986. Environmental problems of the marine and coastal area of Bangladesh[1] National Report. Relatórios e estudos do PNUA sobre os mares regionais n° 75. 47 pp.

PNUA, 1987. An overview of environmental problems of the South Asian seas Region. Relatórios e estudos do PNUA sobre os mares regionais n° 82.

VSO, 1993. O nosso mar, a nossa vida. Procedimentos do seminário-workshop sobre gestão baseada na comunidade. Voluntary Service Oversea, Quezon City, Filipinas.

Walters, J., Maragos, J., Siar, S. & White, A. (1998) A Participatory Coastal Resource Assessment: A handbook for Community Workers and Coastal Resource Management Project. Universidade de Silliman, Cebu City, Filipinas. 113 pp.

Watts, J., 1999. Desenvolvimento da aquacultura no Gabão: Utilização do SIG como ajuda no planeamento regional.

WCMC, 1989. Bangladesh: an overview of its protected areas system. Projeto de relatório, WCMC, Cambridge.

Banco Mundial, 2003. Relatório sobre o Desenvolvimento Mundial 2003. Washington, D.C.

World Fish, 2005. O Centro Mundial do Peixe no Bangladesh. Um relatório publicado pela sede do World Fish Center, Jalan Batu Mong, Batu Mong, 11960 Bayan Lepas, Penang, Malásia, www.worldfishcenter.org

MIX
Papier aus verantwortungsvollen Quellen
Paper from responsible sources
FSC® C105338

Printed by Books on Demand GmbH, Norderstedt / Germany